U0162763

LABORATORY ANIMAL

REDUCTION REPLACEMENT REFINEMENT

诗画实验动物

朱峰　郑开明　李汉中　编著

南京大学出版社

诗画实验动物 / 序

实验动物是生命科学研究、生物技术创新和生物医药产业发展的重要支撑条件，也是突破科学前沿、解决生物医药等领域重大科技问题、推动成果转化的重要保障。欣闻南京大学出版社将出版《诗画实验动物》一书，能让更多的人了解实验动物科学，明了实验动物对国家、对社会的重大意义，这无疑是非常有益的。

战胜疾病，延长寿命，医学与生命科学的迅猛发展和进步，都离不开实验动物。以南京医科大学为代表的一批大专院校，在科研攻关、教书育人之余，高度重视实验动物科普工作，树立了实验动物纪念碑，栽种了实验动物纪念林，建立了实验动物3R群雕，成立了实验动物伦理福利学生社团"科爱社"。每年"世界实验动物活动周"期间都会组织各类实验动物科普活动，如"我与3R留个影""善待实验动物从我做起知识竞赛"等。这些积极有益的科普工作，在培养青年学生确立科学、正确、完整的生命意识，帮助青年学生认识生命的本质、欣赏生命的丰富与可贵，启迪青年学生珍惜生命、尊重生命、感恩生命并不断创造生命价值等方面，取得了良好成效。

李汉中、朱峰、郑开明等同志查阅了大量实验动物相关文献资料和科技前沿成果，编著了《诗画实验动物》一书，归纳凝练了实验动物的驯化、演变、培育以及动物质量标准化等方面的科学知识，阐明了实验动物在重大科学发现中的贡献，并就生命健康、动物福利、生物安全、科研伦理等热点问题进行了思考和探讨。

　　《诗画实验动物》内容翔实、富有理念、语言生动、通俗易懂，以全新的视角向读者介绍了实验动物这一科普对象。采用"诗""画"相结合的方式来宣传、普及实验动物科学知识应该是编著者的首创，其"诗"佳句偶成、笔清意远、情思横逸，不落"押韵、对仗和体例"的窠臼，其"画"包括手绘、漫画、篆刻、书法等多种形式，或尽显童真，或古朴典雅，或清新简练，实现了科学性、艺术性和思想性的有机结合，使读者接收到通俗易懂的科技知识同时，还能获得欣赏文学艺术带来的愉悦和享受，让科普教育的严谨性和趣味性得到了很好的体现。

　　这是一本把实验动物写活了的科普读物。我非常期待这本科普著作问世。

中国工程院院士

国家疾病预防控制局副局长

2021.10

请为实验动物鼓与呼

2020 年"鼠"实不易！

回想 2020 年的元旦，也许是因为鼠是大家最熟知的实验动物，在实验动物工作圈中，大家都很自然把新年的问候与祝福与鼠联系起来。比如：愿你独"鼠"一帜，保持"鼠"不尽的激情，拥有"鼠"不尽的快乐，创造"鼠"不尽的财富，收获"鼠"不尽的成功。

然而，新冠疫情改变了一切。不仅"鼠"不尽的祝福或多或少没有实现，作为研究新冠病毒特性、疫苗研制的重要实验材料，hACE2 小鼠模型一度出现了供不应求甚至一鼠难求的局面。作为"伟大的抗疫助手"，以鼠为代表的相关实验动物也更加广泛地为社会公众所知晓。

基于抗疫斗争伟大实践的经验和启示，习总书记在科学家座谈会上把"面向人民生命健康"上升到与"面向世界科技前沿""面向经济主战场""面向国家重大需求"同样的高度，为中国推动创新驱动发展、加快科技创新步伐指明了方向。科技工作面向人民生命健康，让科技为人民生命健康保驾护航，必须进一步加大对生命科学与生物医药领域的投入力度，必须扎扎实实推动生命健康相关科学研究，一步一个脚印迈上新台阶。

在生命科学研究中，实验动物起着"活的天平"和"活的化学试剂"的作用，位列生命科学研究四大支撑条件之首（实验动物、仪器设备、信息和试剂），是真正面向人民生命健康的科研基础条件。可以说，没有实验动物，就没有昨天生物医药科学的发展进步；没有实验动物，就没有今天新冠疫苗研制的快速成功；没有实验动物，就没有明天人类生命健康的安全保障。

虽然实验动物的作用如此重要，贡献如此巨大，却始终"养在深闺人未识"。

不用说在社会上鲜为人知，就是在相关高校院所、科技管理部门也并非人尽皆知，人们对实验动物的认知大多仍然停留在"不就是养个小白鼠"的阶段。大多数时候，实验动物相关工作被视为"鸡毛蒜皮"的小事，很难被提到重要议事日程上，也没有给予应有的重视和支持。甚至在个别地方和单位，争取动物实验项目立项、规范实验动物管理、增加实验动物设施投入已经到了举步维艰的地步。

传播正确的科学知识、弘扬正能量的科学精神，努力匡正是非、避免以讹传讹，是新时代科技工作者履行好社会责任和历史使命的职责所在。实验动物工作涉及诚信伦理，事关生物安全，有法律法规和国家标准规范遵循，是生命科学、健康产业的基础支撑，是未来科技争夺的制高点之一，无论如何强调其重要性都不过分。普及实验动物知识，宣传实验动物贡献，推进实验动物科技进步，靠一两个热心人解决不了任何问题。我们需要集聚集体的力量，发出集体的声音，需要每一位从业人员时时刻刻"鼓与呼"。

征途漫漫，唯有奋斗。1982年前辈们在西双版纳召开了"实验动物工作会议"，推动了以《实验动物管理条例》为核心的法规、标准的出台，奠定了中国实验动物事业发展的坚实基础。履职在新时代的我们要不忘初心，继续奋斗，勇往直前，在为科技工作面向人民生命健康提供基础支撑、抢占实验动物科技世界制高点等方面做出新的贡献！

老一辈科学家的风范确实让人感动，刘瑞三先生在《实验动物学（第二版）》的序言里有几句话，值得我们深思。在谈成绩的时候，他说"别人的表扬，不过是满怀期望的促进，是同行礼貌上的客气话，我们最了解自己，我们实际上的差距还很大"；在谈责任的时候，他说"这么大的国家，这么大的事业，这么少的人才，历史的眼睛在注视着我们，我们老一代有责任担负起培养接班人的重任"。昨天，我们经历历史，见证历史；今天，我们创造历史，成为历史；明天，我们必将接受历史的灵魂拷问：你曾为实验动物工作带来什么样的改变？你最终又将以何种姿态融入实验动物科学历史的长河？

2020"鼠"实不易，2021"牛"转乾坤！

历史的眼睛在注视着我们！

打针疼，吃药苦。

动物代替人，鸡犬猪鼠兔。

生命健康最基础，请为它们鼓与呼。

李汉中

二〇二一年元月

目录

第三章 替难者名录

第四章 真诚的补偿

后记

第一章

熟悉的
贡献

宇宙浩渺，星河灿烂。

人猿相揖，携手相伴。

共同祖先，渊源浩繁。

生命平等，和谐发展。

科学探索，替身受难。

牺牲可贵，勿忘肝胆。

最久伙伴

第 **1** 节

　　"人猿相揖别，只几个石头磨过，小儿时节。"人类，在浩瀚宇宙中只是沧海一粟。在人类进化与发展的漫漫历史长河中，人类与动物的关系是密不可分的。人类从诞生的那刻起，就与动物结下了不解之缘，两者相互作用，相互依存，成就了一部复杂的关系史。人类的历史有多长，这部关系史就有多长。在这部关系史中，动物早已形成了在人类世界中的中心特征，并且动物在人类社会中的这个地位也将永远保持下去。

　　从进化的历史看，各类动物都比人类出现得早，人类是动物进化的最高级阶段。从这个意义上说，没有动物就不可能有人类。动物是自然界中与人类最为相似的群体，没有动物参与的人类历史是难以想象的。可以说"完全形成的人"出现后，人类就始终与动物一路同行、携手相伴，跨过岁月的长河走到了今天，在或温馨、或血腥、或竞争、或协作、或奉献、或索取中，共同演绎了一幕又一幕精彩的生命篇章。

　　从最早成功将狼驯化成犬开始，人类与动物的竞争关系就正式转化成了互利共生关系。动物除了与人类的衣食住行密切相关之外，在人类抗击疾病、健康生活中也扮演着重要的角色。据说，神农"尝百草之滋味，一日而遇七十毒"后，为了尽可能减少自己尝药次数、降低中毒的程度，常将采来的草药拿回家让圈养的猪、狗、牛、羊吃，看看有无中毒反应，若无异常反应，自己再亲口尝。这也许是中国历史上最早的动物实验。

　　世界上的创新成果都是人做出来的。像神农尝百草那样以身试药的代价毕竟太大了，一些剧毒化合物仅需要几十微克就足以迅速致死，现在社会中，谁也不会主张由人在毫无准备的情况下亲身试药,人类的道德文化和法律也绝不允许任何人未经同意直接在人类活体上开展实验。在近代历史上,臭名昭著的日本"731"部队和纳粹集中营使用人类活体进行实验,已经并必将永远被历史的铁链牢牢地锁在文明的耻辱柱上。

为了顺利开展生命科学实验,研究解决人类病痛的方法和药物,科学家们不得不用动物来代替人进行实验。在中国,很早就有人类用动物来试验一些药物毒性的记载,如《史记》骊姬陷害太子申生:"骊姬使人置毒药胙中。居二日,献公从猎来还。宰人上胙献公,献公欲飨之,骊姬从旁止之,曰:'胙所从来远,宜试之。'祭地,地坟;与犬,犬死;与小臣,小臣死。"在古埃及,人们为了保存尸体,首先将猫、蛇和昆虫等动物制成木乃伊进行观察。在古罗马,人们为了研究人体结构,解剖了猪和猴子等。

通过动物实验,人类攻破了一个又一个疾病堡垒,在生命科学领域树立了一个又一个里程碑。西方医学的奠基人希波克拉底(Hippocratic)通过动物解剖创立了四体液病理学说。古希腊的亚里士多德(Aristotle)研究动物形态学和分类学,将动物学体系分为形态描述、器官解剖和动物生殖三部分。古罗马的盖伦(Galenus)以各种动物为研究对象,通过大量解剖动物,形成了最早的生理学知识体系。英国皇家御医威廉·哈维(William Harvey),通过对不同动物的活体解剖,了解到心脏跳动的实际情况。法国微生物学家、化学家路易·巴斯德(Louis Pasteur)研究僵蚕病、鸡霍乱和狂犬病,在 1879 ~ 1885 年先后发明了鸡霍乱、犬与人狂犬病疫苗。德国科学家科赫(Koch)通过在兔子和小鼠身上做实验,研究各种家畜的炭疽病,于 1876 年分离出了炭疽杆菌。俄国生理学家巴甫洛夫(Pavlov)以狗为研究对象,在 1891 年开始研究消化生理,建立了条件反射学说。法国生理学家克劳德·贝尔纳(Claude Bernard)评论说:"对每一类研究,我们应当选择适当的动物,生理学或病理学问题的解决常常有赖于所选择的动物。"

小鼠是最早出现的批量实验动物之一。1900 年,美国的一位退休教师莱思罗普(Lathrop)建立了宠物鼠场,因为小鼠繁殖计划详细、饲养记录完备,生产销售的小鼠一致性相对可靠,非常符合科学家的需要,于是他们很快就变成了哈佛大学以及众多实验室的主要的小鼠供应商。1902 年,美国哈

佛大学的卡斯图（Kastur）购买宠物鼠，用于孟德尔遗传定律（Mendel's Laws of Inheritance）研究，培育出 C57BL 小鼠。同年，法国动物学家居埃诺（Cuénot）把孟德尔遗传学研究方法应用于动物界，发现小鼠隐性性状与显性性状之间的关系同样遵循孟德尔遗传定律。1909 年，威廉·埃内斯特·卡斯尔（William Ernest Castle）的学生克拉伦斯·库克·利特尔（Clarence Cook Little）培育出了第一个近交系小鼠 DBA。1932～1933 年，德国科学家多马克（Domagk）通过小鼠动物实验发现了磺胺类药物。1928 年，英国细菌学家弗莱明（Fleming）发现了青霉素，但直到 1940 年第二次世界大战中，弗洛里（Florey）和钱恩（Chain）才将其用于感染了链球菌和葡萄球菌的小鼠。

动物来源和品质（遗传背景和微生物背景）对科学实验的一致性十分重要。在多年的研究中，科学家们发现，因为动物饲养条件非常有限，用于实验的动物大多来自农场、市场或实验室的一般饲养，随意性很强，流行病和慢性病常见，所用动物得到的结果不稳定、重复性差，严重影响了科学实验的进展，迫切希望能够有标准统一的动物用于科学研究。1944 年，美国纽约科学院正式将实验动物标准化提上了议事日程，专门研究实验动物与医学生物学发展的关系，该会议的召开成为实验动物医学的起点。之后，美国、德国、日本、加拿大等国，相继建立起本国的实验动物全国性机构，提出了实验动物管理的条例、法规和规范。从此开始，实验动物学作为一门独立的学科，开辟了自己独有的领域，更加迅速地发展起来了。

20 世纪初是实验动物发展的起点，至今只有一百多年的历史。中国发展实验动物事业的时间相对稍晚，但一些特有实验动物资源的开发利用已经为医学、生物学的发展做出了重要贡献，如对中国特有动物资源鼠兔、黑线仓鼠、东方田鼠、小型猪、树鼩以及水生动物等的开发利用，为肝炎、心血管病、血吸虫病、异种器官移植等研究提供了广泛而又丰富的实验材料和研究手段，引起了国际同行的广泛关注。

长期以来，人类通过一系列行为，将动物变为食物、衣物、表演者、竞赛者甚至工具，在人与动物的关系上，人始终处于主宰地位，人类中心主义的价值观历久不衰。直至 1859 年，达尔文（Darwin）撰写了《物种起源》（*The Origin of Species*）一书，提出了以"自然选择学说"为核心的生物进化理论，认为人类是生物进化的产物，明确指出现代人不仅和现代类人猿有着共同的祖先，而且跟所有曾经生活在地球上的生物都有着共同的祖先。从此，人类与动物的关系史掀开了崭新的一页，动物权利论、动物福利论、人与动物平等等非人类中心主义环境伦理思想逐渐兴起，动物保护运动蓬勃发展并且日益成为国际潮流的大势所趋。

临江仙

逐梦千年游太空，科技攻坚成功。

幕后实验多英雄，替难人类者，鼠猴和鱼虫。

星月再伴中国红，嫦娥神舟天宫。

动物奉献当记取，福利与伦理，时刻记心中。

太空先锋

第 2 节

　　世世代代孤独地生活在广袤宇宙角落里的人类，从自我意识诞生开始就在探索未知的宇宙。从嫦娥奔月的神话到亦真亦幻的《西游记》，人们把太空描述成妙不可言的神仙世界。在人们的想象中，太空是一个至善至美的天堂，遨游太空成为无数人的梦想。千百年来，文人骚客们留下了很多关于"太空"的诗句：苏轼因为思念弟弟苏辙而作的《水调歌头》中感叹，"我欲乘风归去，又恐琼楼玉宇，高处不胜寒"；宋代张澂在《为侍郎徐公邦宪赋》中傲然"愿得侧翅附鸿鹄，追风击电凌太空"；元代文学家许有壬在《忆秦娥·山瓢饮》中梦想"太空为幕云为枕"；毛泽东"可上九天揽月，可下五洋捉鳖"的革命豪情更是激励了一代又一代的新中国建设者。

　　在现实世界里，太空并不像人们想象的那样浪漫。进入太空，人类要面对的更多是险境而非仙境。在探索宇宙的旅程中，人类一次又一次地感受到了自己的渺小。从 1957 年 10 月 4 日苏联发射世界上第一颗人造卫星到 2004 年 1 月 4 日美国勇气号火星探测器在火星南半球的古谢夫陨石坑着陆，从 2003 年哥伦比亚号航天飞机（STS Columbia OV–102）的失事到猎兔犬 2 号（Beagle 2）火星登陆器与地球失去联系，从东方红一号升空的石破天惊到嫦娥四号首次实现人类探测器在月球背面软着陆的干练洒脱，人类探索太空的旅程伴随着无数成功的喜悦与失败的心酸。

　　人类之所以能够走出地球，动物们的铺垫和牺牲发挥了重要的、不可替代的作用。在人类进入太空之前，为了解人在太空中可能会遇到哪些问题，科研人员往往利用动物来做开路先锋，通过测试动物对太空环境的生理反应等，为人类进入太空奠定良好的基础。"动物航天员"们进入太空，可并非想象中的太空漫步，它们是要代替人类直面很多不可预料的困难和风险，很多动物因此牺牲。几十年来，一批批动物被带上太空，要么代替人类完成涉险的旅程，要么被人类当成实验对象。实验动物是名副其实的太空先驱，加快了人类太空时代的到来。正是因为动物们的牺牲和奉献，才有了 1961 年 4 月 12 日苏联宇航员尤里·加加林（Yuri Alekseyevich Gagarin）搭乘东方 1 号（Vostok 1）宇宙飞船从拜克努尔发射场成功进入太空，开创了载人航天历史的新时代。

第一批飞上太空的地球动物是果蝇。1947 年 2 月 20 日，美国人用缴获的德国 V2 火箭将果蝇运上太空，目的是研究高空辐射造成的影响。在 V2 下降回地球的过程中，一个装有果蝇的太空舱折断了，一个降落伞慢慢地把它降到了新墨西哥的土地上。令科学家们喜出望外的是，果蝇还活着。通过进一步地研究发现，宇宙辐射对果蝇没有什么遗传影响。果蝇食量小、生命周期短、DNA 变异快，是研究太空辐射对人类遗传和免疫影响的良好范本。几十年来，果蝇一直是太空飞船的常客。

第一只进入太空中的哺乳动物是犬。1957 年深秋的一天，一只流浪莫斯科街头名叫莱卡的狗，被科研人员捡到后带回去并善待了几天。为了测试卫星的安全性，在进行第二颗卫星发射的时候，科研人员在莱卡身上安装了一些感应器，用来监测进入太空后的实时数据。1957 年 11 月 3 日，莱卡乘坐史泼尼克 2 号（Sputnik 2）生物卫星成功进入了太空。在升空过程中，莱卡的表现比较正常，然而在进入轨道飞行 6 小时后，舱内的制氧机停止运行，在高温缺氧的太空舱里，莱卡心率加快了 3 倍，最终英勇殉职，共在太空存活了 7 个小时。莱卡为人类提供了最初的宝贵数据，首次证明哺乳动物能够在失重的状态下存活。

第一批在太空旅行中幸存并安全返回地球的灵长类动物是松鼠猴贝克小姐（Miss Baker）和恒河猴埃布尔小姐（Miss Able）。1959 年 5 月 28 日，美国宇航局木星 AM-18（Jupiter AM-18）号火箭发射的太空舱运载了一只名叫贝克的松鼠猴和一只名叫埃布尔的恒河猴，从此开启了灵长类动物进入太空的先河。经过为期 15 天的太空飞行，这两只猴子安全返回地球。令人遗憾的是，安全返回之后埃布尔的身体被一个电极扎破，在移除手术之后几天就死亡了。之后，埃布尔的尸体被保存于当时升入太空的摇篮舱中，现存放于美国华盛顿的国家空军和太空博物馆。而贝克随后成为人们所熟知的太空明星，它在亚拉巴马州亨茨维尔市的美国太空和火箭中心度过了余生，1984年因肾衰竭而死亡，终年27岁。

第一只到达外太空的类人动物是名叫哈姆的黑猩猩。1961年1月31日，哈姆以MR-2任务组成员身份，作为水星号宇宙飞船（Mercury Spacecraft）的唯一乘客进入了太空。哈姆异常勇敢，忍受了长达16分39秒的失重环境，最终太空舱坠入大西洋，科学家们立即对哈姆实施了营救。幸运的是哈姆只是鼻子上受了轻微擦伤，为了表彰哈姆的勇敢，科学家奖励了它一个苹果和半个橘子。哈姆随后被送到华盛顿国家动物园生活了17年，接着被转移到北卡罗来纳州的动物园，在管理员的悉心照料下哈姆共存活了26年，但比同类正常的寿命少了十几年。

第一只进入地球轨道的类人动物是黑猩猩伊诺斯，它是在火箭发射的前3天被选中的。1961年10月，伊诺斯不辱使命，搭乘火箭环绕地球轨道，在太空中飞行了1小时28.5分钟，成功返回地面。据说，伊诺斯回到地面时兴高采烈地跳出回收舱，向救护人员挥舞着手臂。伊诺斯环绕地球轨道飞行的成功，为随后美国宇航员约翰·格伦（John Glenn）进行的人类首次太空轨道飞行铺平了道路。不幸的是，两个月后，伊诺斯因感染痢疾而死亡。

第一只被送入太空的猫科动物，是一只名叫费莉切特（Félicette）的小母猫。1963年初，法国中央研究中心的研究人员利用离心机和压缩室等设备对15只小猫开展了飞行训练，最终一只名叫费列克斯的小公猫脱颖而出。但是，计划赶不上变化，在即将飞天的前一天，费列克斯可能预感到了危险连夜逃走了，于是性格安静且体型匀称的小母猫费莉切特被临时抓来当差，代替费列克斯飞天。1963年10月18日，法国空间研究中心利用弗农电子（Véronique AGI 47）运载火箭将费莉切特发射到亚轨道高度，费莉切特搭乘科研专用火箭飞行约15分钟后成功返回地面，期间经历了5分钟的失重状态。在整个飞行过程中，植入猫脑的电极将其大脑活动的数据遥测传回地面站。此次飞行后，费莉切特成了法国的小英雄，占领了当时全法国报纸和广播的头版头条。后来，很多小说、电影的主人公，都以它为原型，它的头像还被印在科摩罗政府1992年发行的邮票上。在返回地面的三个月后，由于需要研究费莉切特的身体变化，它被解剖了。

第一种实现真正意义上太空育种的实验动物是青鳉鱼。由于产卵可控，1994年青鳉鱼作为脊椎动物的代表搭乘奋进号航天飞机（STS Endeavour OV-105）进入太空，完成了从受精到个体的整个发育过程。结果表明，在太空出生的青鳉鱼长大后的体型与在地球上出生的同类类似。2012年，日本又将一批小青鳉鱼送入太空，为的是帮助科学家揭开人类骨质疏松产生的原因。研究发现，虽然太空中鱼骨骼和牙齿中的矿物密度有所减少，但鱼也表现出正常的身体生长。青鳉鱼最初游动正常，但是后期它们就常常保持静止，这表明微重力对骨密度的影响可能涉及机械力的变化，从而减少了身体活动，因此导致破骨细胞的活化。研究人员相信，这些用青鳉鱼进行的基础研究可能最终令航天员、骨质疏松症患者和地球上行动不便的人受益。

1973 年，美国将一对蜘蛛送上近地轨道，这两只蜘蛛很长时间后才适应了失重状态并成功织出了网，只是太空蜘蛛网厚薄不一，不如在地球上的蜘蛛网厚度均匀。不幸的是，这两只蜘蛛死于严重脱水，均未能活着回到地球。蜘蛛并非唯一登上太空的无脊椎动物。2006 年，科学家将 4000 只线虫放上了国际空间站，观察微重力如何影响它们柔软的身体。事实证明，这些软体动物对微重力环境适应很好，线虫卵在太空中顺利长大变成成年线虫，而这些线虫又在太空繁衍了后代。在整个实验过程中，这批线虫繁衍了 12 代。

数十年来，从犬到猫，从猴子到乌龟，甚至蜘蛛、青蛙、蠕虫都纷纷进入太空。人们发现，鱼类和蝌蚪因为无法在微重力环境下实现自我导航，会在太空中一圈一圈地转着游泳。根据 NASA 提供的数据，猩猩幼儿在太空的日子也很不好过，因为它们无法像在地球上那样挤做一团取暖，而且它们也很难找准猩猩妈妈的乳头吸奶。

实验动物在太空飞行过程中，重力消失并不是唯一发生变化的环境因素。身在太空中，它们必须经受更大剂量的太阳辐射和宇宙辐射的考验。即使暴露在真空以及强辐射环境下，青苔和细菌仍能够继续生存下去，但迄今为止，只有一种动物能够创造这种生命奇迹，它就是在显微镜下才能看到的无脊椎动物水熊，也被称为缓步类动物。在 2007 年欧洲进行的一次火箭实验中，一些缓步类动物被暴露在太阳强紫外线辐射和太空真空环境下，另有一些成员仅暴露在真空环境下。实验结果表明，在有辐射真空环境下，只有少数缓步类动物能够继续生存，而在无辐射真空环境下，幸存者却比比皆是。

与人类相比，动物太空先驱们的生命力看起来也更强一些。2003 年 2 月 1 日，哥伦比亚号航天飞机发生事故，机上 7 名宇航员全部罹难，然而这架航天飞机所携带的蚕、大木林蛛、木蜂、蚂蚁和线虫动物仍然还活着。

宇宙无边，探索无尽，茫茫太空中有着太多的奥秘等着人类去发现。未来还会有更多的动物担负使命进入太空，继续充当人类的"太空先锋"。

上 小 楼

九天会仙，深海送笺。

动物朋友，实验在前，科学新篇。

压力变，饱和潜，一一试剑。

进步成功当纪念。

探海勇士 / **3**

第 节

　　"可上九天揽月，可下五洋捉鳖，谈笑凯歌还。"但凡人类能探索到的地方，都是梦开启的地方。上至太空，下至海洋，人类从未停止探索未知世界的步伐。从古到今，无论中外，对海洋世界的探索与对心灵世界的探索都是同步的，人类对海洋从恐惧到征服再到和谐相处的态度转变过程，也是人类不断拓展自己灵魂深度的过程。千百年来，人类一直痴迷于探索神秘的海洋世界，一直想目睹认知海底世界最深处的神秘景象，因而诞生了许多令人激情澎湃的诗句和美丽动人的传说。辛弃疾曾感叹"谓经海底问无由，恍惚使人愁。怕万里长鲸，纵横触破，玉殿琼楼"；清代丘逢甲则写出了"欲向海天寻月去，五更飞梦渡鲲洋"的佳句。法国科幻小说家凡尔纳（Verne）以惊人的想象力、丰富的知识和高超的描写手法创作出《海底两万里》（*Vingt mille lieues sous les mers*），带着读者周游四海，探究海底秘密，激发了一代又一代读者对海洋的渴望、对探索的热情。1973 年，女诗人舒婷发表了诗歌《致大海》，诗中写道："大海的日出，引起多少英雄由衷的赞叹；大海的夕阳，招惹多少诗人温柔的怀想……这个世界，有沉沦的痛苦，也有苏醒的欢欣。"表达了作者对社会、人生的理解。

　　人们常说，"上天容易下海难"，这是因为人在海底要承受海水的巨大压力。在海中每下降 10 米，人所受到的压力就增加一个大气压。在 10000 米的海底，如没有任何保护措施，人会被压成薄片。截至 2018 年，已经有 12 人去过月球，500 余人去过太空，而到达海洋最深处的，却少之又少。

　　海洋约占地球表面的 71%，平均深度约 3800 米，其中超过 2000 米的深海区占海洋面积的 84%，泰坦尼克号最后沉没的地方约 3700 米。1000 米以下的海域属于深海，主要分布在大洋边缘，与大陆边缘相对平行；1000～4000米称为半深海带；4000～6000米深的水层称为深渊；6000米至海床的水层称为超深渊带。大多数海沟在超深渊带深度范围，比如菲律宾海沟、波多黎各海沟等。世界上最深的地方是太平洋板块和菲律宾板块交界处的马里亚纳海沟，约海平面以下11034米，即使把珠穆朗玛峰倒过来放进去，离海底也还有自身一半的距离。1960年1月，瑞士海洋学家雅克·皮卡德（Jacques Piccard）和美国海军上校唐·沃尔什（Don Walsh）乘坐"的里亚斯特"号深海潜艇，成功下潜至1万多米深的马里亚纳海沟海床，创下了人类探索海底的深度纪录。在此之前，能下潜到如此深度并成功归来的全部都是不载人潜艇。正是雅克·皮卡德在1.1万米深的海底发现了活着的海洋生命，才最终促使国际社会决定禁止人类向深海海沟中倾倒核废料。2012年3月26日，美国传奇导演兼美国国家地理学会驻会探险家詹姆斯·卡梅隆（James Cameron）独自乘坐"深海挑战者"号潜艇下潜近11000米，进行了首次单人下潜至马里亚纳海沟最深处的探险。卡梅隆在洋底探险3小时有余，收集生物和地质样本、拍摄图片和视频。到达海底深处时，卡梅隆在推特上写道："我刚刚到达了世界最深的地方。碰到世界最深处的感觉无与伦比，我迫不及待想和你们分享我所看到的一切。"这标志着人类在时隔52年后首次重返马里亚纳海沟。

如同在太空探索中做出的贡献一样，在海洋探索中特别是在深海探索中，实验动物也做出了卓越的贡献，付出了重大的牺牲。研究发现，潜水动物的血液量比相似大小的陆生动物要多，血液肩负着向身体各部分输送氧气的使命，也是储存氧气的重要场所，动物体的血液越多，携带着的氧气也越多，潜水时间也越长。

除了潜水动物的血液，科学家还观察到潜水动物在屏住呼吸时主要依赖储存在肌肉中的氧气，而陆地动物却是依靠停留于肺部的氧气。实验数据显示，王企鹅在下潜至510米深时，可将体内全部氧气的47%储存在肌肉中，其余的在血液和肺部循环。宽吻海豚在下潜同样的深度时，能将体内39%的氧气储存在肌肉中。各种鱼类、海豚、海豹和海龟等都是海洋潜水的好手，而真正的潜水冠军当推号称"海中霸王"的抹香鲸，它以屏气法潜入水下可达1小时之久，最大潜水深度达2200米，而且出入自如。

减压病是潜水员的死敌，潜水员在水下上升时如果速度过快，溶解在血液中的气体会随压力的减小而膨胀造成减压病，严重者可导致死亡。潜水员的上升必须缓慢，潜水员在水下时间越久，所需上升时间就越久，而且需要额外时间缓解才能进行下一次潜水。这导致深海潜水作业的效率大大降低，成本也非常高昂。直到 20 世纪 60 年代，美国的一位乡村医生经过和同事们反复实验，获得了一个惊人的发现：人如果在高压下逗留到一定时间，其血液组织里渗入的气体就会达到饱和程度，从这一程度起，只要压力不变，即使再增加停留的时间，血液和组织里的气体含量也不会改变。根据这一发现，潜水员在海洋的某个深度工作一段时间后，不必匆忙回到海面上来减压，他可以继续在海中待下去，直到工作干完后再返回海面，进行一次减压就行了。这种潜水方法，叫作"饱和潜水"，饱和潜水是人类对于潜水技术的又一个突破，世界各国都十分重视饱和潜水技术研究。

早在 1789 年，法国著名化学家拉瓦锡（Lavoisier）和塞奎因（Sequin）曾经将氢作为呼吸介质进行动物实验研究。在实验中，拉瓦锡等把豚鼠放入钟形玻璃容器内，让容器中维持生命的氮和氧保持一定量，然后添加氢，豚鼠在容器内呼吸氢氮氧三元混合气，历时 8 ~ 10 小时，未发现氢给机体带来任何不利影响。1941 年，苏联的拉扎列夫（Lazarev）等人把小鼠的生存环境加压到 9.1 MPa（相当 900 米海底），呼吸氢氮氧混合气，停留 3 分钟，而后经过约 1 小时的减压，小鼠仍然存活。20 世纪 60 年代末至 70 年代初，氢取代氦作为深海潜水用呼吸气体再次受到广泛重视，这期间的氢氧潜水研究，动物实验达到约 1000 米深度，暴露时间达到 24 小时。20 世纪 80 年代初，法国海事技术公司（COMEX）正式制定并开始实施以氢气为主体的深海用混合气

潜水实验研究计划，该计划被命名为 HYDRA（水螅，并含氢气的意思），包括动物实验、人体实验及现场实验等，由安全性、医学生理学和潜水设备研制三部分组成。在 HYDRA 计划中，加尔代特（Gardette）使用 110 只小鼠进行了实验，实验采用氢氮氧混合气，

在水下 2000 米条件下连续暴露 12 天（含加、减压时间），获得成功。实验发现，用氢氧对小鼠加压时，加压到水下 1800 米压力时出现高压神经综合征（HPNS），而使用氢氦氧混合气时小鼠状态良好。1994 年，俄罗斯进行动物饱和潜水实验，发现生物可以承受 120～190 个绝对大气压，也就是说，人类有通过饱和潜水下潜到水下近 2000 米的可能性。据了解，英国、美国、瑞士、挪威、法国、德国、日本、俄罗斯 8 国已先后突破人类饱和潜水 400 米深度；海上实际深潜实验，法国、日本已分别达到人类饱和潜水 534 米和 450 米。在中国，2010 年 8 月 18 日至 2010 年 9 月 7 日，海军医学研究所利用 1989 年建成的 500 米饱和潜水系统成功地进行了 480 米饱和潜水和 495 米巡回潜水实验。这次实验的成功，是中国饱和潜水的又一里程碑，标志着中国成为第 9 个掌握 400 米以上深度人类饱和潜水技术的国家，对中国海洋资源的开发与利用、深水打捞作业以及其他海洋事业的发展具有重要意义。

除了饱和潜水技术的研究，科学家还发明了"液态呼吸"。2000 年，俄罗斯库尔斯克号核潜艇在巴伦支海域参加军事演习时发生爆炸并沉没，艇上 118 名官兵全部罹难。该事件促使俄罗斯研究营救潜水艇船员的新方式——开发"液态呼吸"技术，该技术已经在狗和其他小型哺乳动物身上进行过测试。2017 年 12 月 28 日，俄罗斯副总理罗戈津·德米特里·奥列戈维奇（Rogozin Dmitry Olegovich）宣布"液态呼吸"技术由俄罗斯前景研究基金会开发成功。

海洋是人类未来的希望，探索开发海洋具有非常重要的意义。通过向动物学习以及动物实验，人类发明了深海潜水器，以便在深海开展各种各样的科学研究。从无到有，由浅入深，从"蛟龙"出海到完全自主可控的"深海勇士"，中国载人深潜事业的"奋斗者"不断实现新跨越。2020 年 11 月 10 日，由位于江苏无锡的中国船舶重工集团公司第七〇二研究所自主研制的"奋斗者"号载人潜水器，成功坐底全球海洋最深处——西太平洋马里亚纳海沟中的"挑战者深渊"，深度达 10909 米，创下中国载人深潜新的深度纪录，中国也一跃成为潜入万米深海人数最多的国家。

踏莎行

道法自然，万物为师。人类科学进步史。

观察分析再模拟，仿生研究应运起。

动物实验，无可代替。尝针试药护人体。

疾病源头须探秘，常记福利与伦理。

抗病良师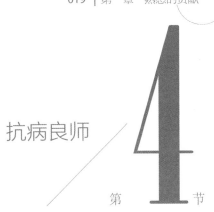

第 4 节

　　"天生万物，各遂其一。唯人最灵，万物能并。"这是北宋哲学家、易学家邵雍在《偶书》一诗中的诗句。人类之所以比其他生物强，是因为人"能够认识和正确运用自然规律"（恩格斯）。大自然不仅是为人类无私奉献的母亲，也是一位知识渊博的老师。老子说"道法自然"，意思就是说世间的很多智慧结晶是从自然那里提炼出来的。在飞速发展的过程中，在面对越来越多新问题的时候，人类往往第一时间就想到大自然这位老师。恩格斯说："我们一天天地学会更加正确地理解自然规律，学会认识我们对于自然界的惯常行程的干涉所引起的比较近或比较远的影响。"通过对大自然不断深入地探索，通过对自然规律的不断挖掘与总结，人类最终都能找到解决问题的途径与方法。

　　回溯历史长河，不难发现，人类文明就是在向大自然不断学习中不断进步的。一部自然科学史乃至整个人类社会发展史，就是一部人类向大自然学习的历史。相传早在大禹时期，中国古代劳动人民就通过观察鱼在水中依靠尾巴的摇摆而游动、转弯获得启发，巧妙地在船尾架置木桨，逐渐演变成橹和舵；鲁班用竹木作鸟，"成而飞之，三日不下"；人们模仿鸡蛋外形的特点，建造了拱形桥；受鸟儿飞翔的启示，人们发明了风筝；从茅草划破手指，人们发明了锯……通过向大自然这位老师学习，人类发展出了一门特殊的学科——"仿生学"。在这门学科下，人们研究生物体的结构与功能工作的原理，并根据这些原理研究出先进的技术，发明新的设备、工具，从而让生产、学习和生活变得更加美好。例如，根据苍蝇嗅觉器官的结构和功能，人们仿制出小型气体分析仪；通过模仿苍蝇的楫翅，人们制成了"振动陀螺仪"，应用在火箭和高速飞机上；仿照水母耳朵的结构和功能，人们设计了水母耳风暴预测仪；根据长颈鹿利用紧绷的皮肤控制血管压力的原理，人们研制了抗荷服，使宇航员的血压保持正常；通过对蝴蝶色彩在花丛中不易被发现的研究，人们生产出了迷彩服，大大减少了士兵在战斗中的伤亡。

如何战胜疾病和死亡，是贯穿了整个人类历史的难题。在抗击疾病、追求健康的过程中，人类以动物为师，也获益颇丰。汉魏时期，神医华佗通过效仿虎之威猛、鹿之安舒、熊之沉稳、猿之灵巧和鸟之轻捷，模仿编创了一套健身运动"五禽戏"。坚持练习"五禽戏"，可以让身体各部位得到针对性的锻炼，目前仍是中医防病治病的一种有效手段。清代医家陆以湉在所著《冷庐医话》中写道："禽虫皆有智慧，如虎中药箭而食青泥，野猪中药箭食荠苨，雉被鹰伤贴地黄叶，鼠中矾毒饮泥汁，蛛被蜂螫以蚯蚓粪掩其伤，又知啮芋根以擦之，鹳之卵破以漏药缠之。方书所载，不可胜数。"很多中药的治疗功效是人们通过观察动物自救的情况而发现的，不少中药名称就是根据动物是否食用以及食用后的反应而得名的，例如淫羊藿、羊踯躅、鹅不食草、醉鱼草、蛇衔草等。

在抗击疾病的过程中，能够作为人类老师的动物还有很多：传统的有小鼠、大鼠、仓鼠、天竺鼠、兔子、狗、猫、猴等，现在则包括了大型哺乳类动物如猪、牛、羊、马等，非哺乳类脊椎动物如鸟、鸡、蛇、蛙和鱼，无脊椎动物如果蝇、蚊子等昆虫。

近代医学上许多重大的发现均和动物实验紧密相关，特别是那些具有划时代意义的、里程碑式的、开拓一个新的领域或导致医学的某一方面突飞猛进的革命性发现。哈维应用活体解剖的实验方法，直接观察动物机体的活动，发现了血液循环，于1628年发表了著作《心血运动论》；科赫（Koch）采用牛、羊和其他动物做实验，发现了结核杆菌，发明了利用固体培养基获得微生物的"细菌纯培养法"，提出了"科赫原则"；巴斯德采用鸟类做动物实验，发现被减毒的鸡霍乱和炭疽病原菌能诱发保护性的免疫反应，他在鸟和家兔上进行狂犬病疫苗的研究，对狂犬病的防治做出了巨大贡献；潘德尔（C. H. Pander）在研究动物发育过程中，发现了胚胎发育的三个阶段，从而引导他在人类胚胎里获得了同样的发现；巴甫洛夫（Pavlov）在狗身上进行了许多外科手术，改进了实验方法，开辟了高级神经生理学研究；贝尔纳（Claude Bemard）通过解剖兔子发现了胰液在脂肪消化中的作用；冯·梅林（Joseph von Mering）研究胰脏在消化过程中的功能时，用手术切除了狗的胰脏，认识到了糖尿病的发病机理和用胰岛素控制糖尿病的方法；莱夫勒（F. Loeffler）等用豚鼠等动物研究白喉杆菌，发现引起动物死亡的原因不是细菌本身，而是细菌的毒素；艾克曼（Ekman）偶然发现由于鸡饲料变化，供实验用的鸡群患了多发性神经炎，其症状类似人类的脚气病，经过大量的实验证明带壳的糙米有预防和治疗脚气病的作用，进而导致维生素 B 的发现；亚历克西·卡雷尔（Alexis Carrel）用狗研究神经缝合手术，开创了人类器官移植的历史；小儿麻痹症疫苗在应用于人体之前，先注射到小鼠身上，然后再注射进与人类接近的猿猴身上，最终才得以开发出来；人们对于人类脑部的了解，是经由对大鼠脑部的研究而逐渐拼凑出来的。

从 20 世纪初到 21 世纪初的 100 年时间里，人类的平均寿命延长了 20 余年，医学与生命科学的突飞猛进固然是重要原因，但是如果没有实验动物进行各种前期实验，人类的科学文明根本无法如此快速地发展。若不是这些实验动物，人类的科学文明可能要倒退一个世纪。现在，实验动物更广泛地运用于疾病的研究、疫苗的开发、药物的毒性测试、肿瘤的研究、诊断以及遗传等领域。

2003 年，席卷中国的"非典"（SARS）疫情，对中国社会造成的伤痛，也许已经定格为一代人不忍回忆的噩梦。在全民动员抗击非典的战役中，实验动物也同样做出了卓越贡献。在疫情最紧张的时刻，"秦川的猴子发烧了没有"成为上至国家领导人下至普通抗疫医生普遍关心的热点问题。在中国医学科学院实验动物研究所研究员秦川的带领下，经过研究瓶颈的连续突破，中国医学科学院的专家们率先建立了国际首个准确模拟 SARS 病理表现的恒河猴模型，实验证实了 SARS 是非典的真正病原，发现了 SARS 感染的传播方式、感染的物种范围、宿主免疫反应、宿主组织解剖学结构与易感性之间的关系，领先国际 9 个月评价了首个疫苗的有效性和安全性，有效缓解了疫情紧张局面，为疫情防控送上了一颗定心丸。

时隔 17 年，2020 年年初突如其来的新冠肺炎疫情，不断刷新了人们曾经见证的历史。秦川教授和她的猴子再次成为人们关注的焦点。正是秦川教授领导的团队分别于 2020 年 1 月 29 日和 2 月 14 日率先完成了转基因小鼠模型和恒河猴模型的构建，才使得疫苗的临床前动物实验周期从常规的 1 ～ 2 年时间，压缩到短短数月，为中国疫苗的研制工作"抢"出无可估量的宝贵时间。有关领导和专家说："假如没有秦川的动物模型，中国新冠肺炎疫情科研攻关将会面临难以想象的被动局面"，"秦川研制的动物模型立下了'汗马功劳'"。

大自然这位循循善诱的老师，不仅教导我们如何在物质世界中不断取得发展和进步，还在精神世界中为我们树立旗帜、指明方向，促进我们不断提升自我修养。美国环境伦理学会创始人霍姆斯·罗尔斯顿（Holmes Rolston）指出："自然指导我们，使我们知道自己是谁；与自然相遇，使我们相互团结、避免傲慢、变得有分寸。"人类许多德行和品格，都来源于对自然的这种适应。从低垂的稻穗上，我们学会了谦虚；从奔腾的小溪上，我们学会了执着；从广阔的大海上，我们学会了包容。蚂蚁能抬走"庞然大物"，是在教我们团结；柔弱的水珠能滴穿岩石，是在教我们坚韧；蜜蜂在花丛中忙碌穿梭，是在教我们勤劳。

　　法国数学家、物理学家、思想家布莱士·帕斯卡尔（Blaise Pascal）曾说："人是一根能思想的苇草。"思想的高度决定着人类自我发展的高度，而这一高度的基础就是自然这位最为无私的老师亲手奠基而成的。"为学莫重于尊师。""新竹高于旧竹枝，全凭老干为扶持。"人类使用实验动物进行生命科学的研究已经有 100 多年的历史了。在探索生命科学真理的道路上，这些以生命来换取科学进步并造福人类的实验动物们，更值得人类以最谨慎、最诚恳的心态面对。让我们在实际行动中，尊重生命，敬畏自然。

踏 云 行

支撑科研，服务医药。实验动物产业爆。

国际贸易壁垒高，卡脖技术真不少。

健康需求，产业风好。

模型笼器垫饲料。

中国创新响世界，骄傲。

产业新军

第 5 节

从字面上讲，"产业"有两层意思。一是指占有的财产，如唐代李颀在《欲之新乡答崔颢綦毋潜》诗中所写，"数年作吏家屡空，谁道黑头成老翁。男儿在世无产业，行子出门如转蓬"；二是指积聚财产的事业，如清代秦笃辉在《平书·人事上》中所讲，"汉高不治产业而兴，光武好治稼穑而亦兴"。现代西方经济学认为，产业就是指"国民经济的各行业"，也就是由利益相互联系的、具有不同分工的、由各个相关行业所组成的业态总称。人们常说的实验动物产业，就是指经济学概念上的"产业"。

产业是社会分工的产物，它随着社会分工的产生而产生，并随着社会分工的发展而发展。实验动物科学既有其学科本身的发展需求和发展规律，又因其服务于其他学科，是其他学科的基础和支撑条件，决定了其具有商品化、产业化、社会化、市场化的特点。随着生命科学和生物医药产业的快速发展，与实验动物相关的各领域也相互促进、齐头并进，发展出了包括实验动物驯化、人工培育与繁殖、疾病动物模型研发、笼器具、垫饲料、特种装备及实验动物设施设计建造在内的新兴产业。实验动物产业涉及的产品及服务主要面向下游医药科研和制药机构，用于开展基于实验动物的医学研究、药品质量检定、生物制品制造、药理及毒理实验等工作。作为生物医药研发产业的配套服务，实验动物产业的市场容量在很大程度上依附于生物医药产业整体的研发规模。实验动物产业与合同研究组织（Contract Research Organization，CRO）联系紧密，与其他企业相比，临床前 CRO 企业进入实验动物繁殖领域具有天然的优势。国外以临床前业务为特色的知名 CRO 企业如维通利华（Charles River）、科文斯（Convance）等，均已涉足实验动物业务，每年的实验动物业务产值高达数亿美元。

实验动物作为生命科学研究的基础和重要支撑,在国民经济中发挥着重要作用,其产业化程度已经成为一个国家科学技术发展水平和能力的重要标志。实验动物产业领域主要包括实验动物培育及生产供应、实验动物相关产品研发及生产供应、动物实验技术服务三个方面,服务于各个科技领域。在美国、日本、西欧等国家,已经有一些具有一定规模的企业将实验动物作为标准化商品向社会供应,这些企业建立了较为成熟的生产繁育技术体系、质量控制体系和产业化营销网络,向社会提供各种高质量、标准化的实验动物,不仅为生命科学研究和医药研发提供了重要支撑,也为自身创造了可观的经济效益。由于规模大、综合效益高、质量有保证,这些企业已经形成了可以自我造血的良性循环。在美国,从事实验动物供应的机构或企业主要集中在 4 家,分别是杰克逊实验室(Jackson Lab)、维通利华(Charles River)、哈兰(Harlan)和泰康利(Taconic),他们都建立了完善的生产、质控、营销体系。其中,杰克逊实验室是一家专业从事小鼠实验动物模型研制和供应的非营利性组织,年提供实验动物(小鼠)约 300 万只,2010 年小鼠销售收入约 1.2 亿美元;维通利华是一家专业从事实验动物生产的企业,也是全球最大的大小鼠实验动物供应商,在美洲、欧洲和亚洲共 7 个国家有 20 个生产基地,2011 年该公司收入 11.3 亿美元,其中动物模型销售收入占 59%。

随着生命科学研究的发展,中国对实验动物使用的数量和质量的要求逐步提高。《实验动物管理条例》颁布以来,经过多年自我摸索和经验积累,中国实验动物的生产能力迅速增强,商品化和社会化构架已初具规模,相关支撑和配套行业快速发展,形成了独特的以实验动物为核心的产业链。中国实验动物行业凭借自身丰富的动物资源与人才储备、产品质量稳定性以及其成本控制等优势,成为包括美国、欧盟、日本在内的全球多个发达市场实验动物产品及服务的重要供应商,产品市场容量呈现稳定扩张态势。随着近年来中国生物医药的产业转型,药品自主研发规模不断提升,国内实验动物产品服务需求也正在不断加大。目前,中国实验动物产业总产值在 200 亿元以上,主要有动物及相关产品、技术服务两大类。其中,技术服务又分两种,一类面向科研人员,提供技术导向,进行动物模型诊断、基因敲除等;另一类面向医药研发企业,主要做药物毒性研究，进行药物、疫苗、医疗器械的临床前毒性和有效性研究。未来5年内，中国实验动物产业有望随着生物医药产业的快速发展，以每年20%～25%的速度增长。2019年9月正式投入使用的珠海国际健康港"动物实验中心"，一期建筑面积11400平方米，预计将成为粤港澳大湾区规模最大的集实验动物生产、动物实验、动物营养、科教培训和管理外包为一体的临床前研究平台，开展药理、药效、药代、毒理安全评价等服务，承接药品、食品、化妆品、医疗器械、化学品等的分析检测。但总体来说，中国的实验动物科学技术研究起步较晚，与发达国家相比差距较大，技术严重滞后，至少落后发达国家30年，这严重制约中国生命科学的研究与应用，亟待高度重视并切实研究解决。

实验动物是特殊的商品，它跟高端实验仪器一样重要，但这一点尚未被社会公众所认识和接受。要想把实验动物的市场培育好，必须要把实验动物的标准化建设好。实验动物的标准化和市场化机制形成后，反过来又能推动和促进实验动物学科的自身发展。中国实验动物要实现质的跨越，参与国际竞争，必须着眼于高起点、高标准实验动物的基础设施条件建设，重点加强标准化实验动物生产基地和动物实验标准化、社会化服务基地建设；缩小与国际实验动物基础设施的差距，提高实验动物质量，实现实验动物的标准化、社会化、国际化，与国际接轨并同步发展；建立、健全政策法规，加大实验动物科研条件设施建设投资力度，拓宽融资渠道等。

实验动物产业化发展依赖于科学技术发展，没有生命科学和生物医药行业的带动，实验动物行业难以形成今天的大好局面。反之，实验动物行业的快速发展也给生命科学的发展提供了有力的支撑，二者相互依存，互相促进。新冠肺炎疫情期间，不少高校院所因疫情而关闭，许多实验室也只能选择停止工作，这也导致不少实验动物（主要是大小鼠）被批量处死。可以说，新冠病毒给实验动物产业造成了重创。但是，疫情也给实验动物产业高质量转型发展带来新的契机。比如饲育智能化、笼器具互联、实验动物养研一体化、动物实验大数据分析、实验动物的无人运输等。在这次疫情之下，中国面对病毒的强烈攻势举全国之力奋起反击，也更加意识到了人民生命健康的重要性。"疫情"过后，大健康产业将进入全人类需求时代。随着健康中国战略的深入实施，实验动物产业必将借势而起、迎风起飞，成为真正的朝阳产业。

西江月

世界自由贸易，全球发展经济。

国际竞争差底气，剑指中顺美逆！

率先脱钩科技，壁垒动物福利。

疾病从不分我你，人类命运同体！

贸易秘器 / 第 **6** 节

    2017 年 1 月 20 日，唐纳德·特朗普（Donald Trump）正式成为美国第 45 任总统。不久后，贸易战就成为世界人民耳熟能详的热词。特别是中美第十一轮贸易磋商结束，2019 年 5 月 20 日，美国商务部签发了一系列针对华为及其子公司的制裁措施，将华为及其 70 个关联企业列入美方"实体清单"，禁止华为在未经美国批准的情况下从美国企业获得元器件和相关技术后，有关中美"贸易战"的新闻就更是持续"霸屏"了。

    贸易，是对买卖或交易行为的总称，不仅包括商业所从事的商品交换活动，还包括商品生产者或他人所组织的商品买卖活动；不仅包括国内贸易，还包括国与国之间的国际贸易。对外贸易是一国对外经济联系的最基本、最主要的方式，通过发展对外贸易，可以发挥一国的比较优势，优化资源配置，实现商品实物形态转换与价值增值，扩大需求，促进本国国民经济的发展。东汉文学家王逸在《九思》中所写的"管束缚兮桎梏，百贸易兮传卖"，说的就是春秋两位历史名人管仲和百里奚与"贸易"有关的典故。在唐代，来自西域的粟特人，为唐王朝在陆上开辟出了伟大的商贸路线——丝绸之路，让唐王朝的首都长安充满了国际化的气息。因为贸易畅通，丝绸之路沿线国家有很多人在长安工作。一些随着贸易来到长安的女子，她们穿梭于酒肆茶楼之中，因其貌美善歌舞，这些女子得到了一个雅号：胡姬。大诗人李白一生有两爱，一是钟爱美酒，二是钟情胡姬。所以李白关于胡姬的作品最多，也最好："落花踏尽游何处？笑入胡姬酒肆中。""胡姬貌如花，当垆笑春风。""胡姬招素手，延客醉金樽。"

    商场如战场，有贸易活动就有贸易战。早在 2700 多年前的春秋时期，齐国的政治家、军事家管仲就已经在与其他国家之间的竞争中实行了贸易战的手段，发起了"衣服鲁梁""买狐降代""求鹿于楚"等多起贸易战。宋朝成立了茶马司，对茶叶实行严格管制和国家专卖，将卖茶叶与换马匹直接挂钩，一举扭转了在马匹采购中的不利局面。虽然宋朝在面对西夏和辽的时候，军事上很失败，但在贸易战中却处处主动一直保持着较大的顺差，在很大程度上限制了这些少数民族政权综合实力的增长。明代初期的郑和"下西洋"，使中国成为当时最大的海上贸易国。明代中期，张居正通过"限量供应""以旧换新""仅限广锅"的三项措施，也有效避免了瓦剌部将铁锅重新熔化冶炼，打造成兵器的威胁。

动物及其制品一直是贸易活动中的重要内容，也是设置国际贸易壁垒的重要手段。比如欧盟化妆品法规（EC 1223/2009）要求从 2013 年 3 月 11 日起，全面禁止销售经动物实验测试的化妆品或原料，这对于包括中国在内的许多国家均产生了较大影响。近十年来，越来越多的国家如以色列、土耳其、印度、巴西等纷纷加入或准备加入禁止化妆品动物实验的行列，由于中国化妆品企业尚未禁止动物实验，导致中国化妆品出口受到严重影响。2003 年"非典"疫情发生后，广西实验猴的出口因国外设置的贸易壁垒，一度被迫中断；2005 年瑞士发布纪录片《中国的皮革生产》后，欧洲各国对中国皮草出口采取强硬措施，水貂皮产品被各国集体抵制；2009 年，瑞典通过电视披露了中国企业在羽绒生产过程中活拔绒的情况后，引起众多国际采购商和消费者的抗议和退货，以致中国整个毛皮产业都笼罩在来势汹汹的"动物福利壁垒"阴影之下。此外，"活熊取胆""冷冻活鳖"等动物入药的方式，也受到国际动物保护组织的强烈谴责，涉及动物的中药产品被国外消费者普遍抵制。

WTO 有关动物福利保护的规则也适用于实验动物的福利保护领域，规则中动物福利的条款明确规定动物在饲养、运输、处死过程中要严格按照动物福利的标准执行。其中涉及实验动物福利的保护规则，即动物生命、健康的保护和尊严的维护等都是与社会公共道德相关的规则。如果出口国企业采取虐待实验动物的方式或没有给予实验动物以必需的福利，将致使出口实验动物和实验动物产品的价格明显低于国际市场的同类可比价格，进口国也可以针对该产品征收一定的反倾销税。2013 年 WTO 争端解决机构针对"海豹产品案"发布专家组报告，这是其受理的第 1 起有关动物福利限制措施的案件，报告认定欧盟禁止海豹进口是为了保护动物福利相关的公共道德，肯定了保护动物福利可以成为贸易限制的正当理由，这一裁决标志着国际社会正在将动物福利纳入国际法当中。

从实验动物的生产、使用和进出口各个角度看，中国都是科研大国和生产大国，几个主要动物品种如大小鼠、猴、犬、兔等的产量和使用量在世界上都是名列前茅。动物出口的品种主要有灵长类动物、比格犬、兔子、豚鼠、雪貂、小鼠等，出口动物的等级也由普通级逐步扩展到无特定病原体级（Specific Pathogen Free，SPF）、无菌级等，实现了由单纯的量向量质并举的方向转变。中国是实验灵长类动物的最大生产国和出口国，主要品种有食蟹猴、恒河猴和狨猴，每年新生的实验灵长类动物大约为 9.43 万头（2015 年普查数据）。动物进口的品种主要为 SPF 小鼠、模型动物等。

为促进中国生命科学研究，推动中国生物产业发展，国家相关部门优化了实验动物及生物制品的进口政策，国家质量监督检验检疫总局于 2017 年 10 月颁布了《质检总局关于推广京津冀沪进境生物材料监管试点经验及开展新一轮试点的公告》，在京津冀沪地区进行了改革试点工作，使我们在部分地区进口 SPF 小鼠、大鼠的流程由原来的 2 ～ 3 个月缩短为 1 个月甚至更短，大大方便了科研工作的开展。

从人道的角度来讲，动物福利涉及社会道德问题。商品应该达到动物福利方面的贸易标准，容易获得国际舆论与社会公众的同情与支持。跟人权环境保护与自然资源保护等方面的国际贸易标准相比，动物福利壁垒在形式上更具有隐蔽性、合理性、合法性、复杂性、广泛性、可操作性、歧视性、争议性和原则性等多元特征。在人类健康、动物保护和人道主义脉脉温情的背后，动物福利已经逐渐发展成为绿色壁垒之后的一种新的技术壁垒甚至是道德壁垒，不论技术壁垒还是道德壁垒，在全球范围内，动物福利作为一种新的贸易壁垒，对国际贸易的影响正在逐渐显露出来，制约着国际贸易的发展，阻碍贸易自由化，加剧国际贸易格局不平衡，进一步增加国际贸易摩擦。

在这次中美贸易战中，与实验动物相关的科学研究和科技人员也受到了极大的冲击。例如在美国限制部分中国公民赴美学习或进行学术交流的商业管制清单中，无论是生物技术、纳米生物学，还是基因工程、神经科学，无不与实验动物相关。美国国立卫生研究院（NIH）院长弗朗西斯·柯林斯（Francis Collins）还宣称要开除"一部分人"。对于留学生来说，一旦遭遇遣返，数据中断、课题中断，一些实验动物建模的损失需要多年的时间来弥补，更不用说无法获得学位，可谓多年努力毁于一旦！作为第一例，2019 年 5 月 16 日，李晓江与李世华共同管理的埃默里大学医学院人类遗传系的实验室被关闭，李晓江夫妇和部分实验室成员被埃默里大学解雇。表面上解雇的原因是"未充分解释来自国外的经费，以及未充分解释他们在中国研究所和大学的工作范围"，而根本原因其实是因为他们在美国实验室用小鼠作为动物模型研究亨廷顿综合征，而同样的实验在中国进行则更加容易，因为中国实验室使用的非人灵长类动物模型能更好地模拟人类的疾病特征，埃默里大学医学院怀疑并害怕李晓江和李世华会泄露相关实验动物先进技术。在美国政府的施压之下，埃默里大学不仅解雇了李晓江和李世华，驱逐了实验室里部分的中国雇员，还关闭了各位学者在学校官方的个人主页，就连邮件也被封锁。根据学者李晓江先生透露，自己曾于 5 月 16 日被一群代表美国当局的管理人员"约谈"，这些人带走了实验室里的电脑和科研材料，他们甚至还对实验室的成员进行了监视和隔离。

在中国特色社会主义新时代，中国的经济实力、科技实力、国防实力、综合国力均已得到了大幅提升。肇始于 2018 年的中美贸易战，堪称是前无古人的史诗级贸易战，这场贸易战对包括实验动物在内的各行各业发展现状都是一次全面彻底的"体检"。实验动物是生命科学的支点，是生物医药产业的基石，离开了实验动物，生命科学研究和生物医药产业将寸步难行。从宏观层面看，实验动物已逐步成为战略资源、技术壁垒的一部分；从实践层面看，实验动物产业本身并不大，但影响的是整个生物医药行业的发展与创新。依法合理保障实验动物福利，切实摆脱对实验动物的低水平依赖，转向更高水平的利用是我们唯一的选择。虽然在短期内要达到欧美等发达国家高标准的动物福利要求不是一件容易的事，但是为了中国实验动物事业长期的健康发展，我们一定要未雨绸缪、有所作为，在生产和管理中真正贯彻好动物福利要求，绝不能让动物福利成为中国实验动物国际贸易和参与国际技术交流的软肋和障碍。

第二章

陌生的词汇

实验动物的自白

我是活的试剂，

我是精密仪器。

尝药试针是我的主题，

奉献牺牲是我的意义。

我的全部都是为了你，

陪你感知科学的神奇，

伴你探索生命的奥秘。

你是活的试剂，

你是精密仪器。

尝药试针你把我代替，

奉献牺牲我永远铭记。

生命科学离开不了你，

你是健康美丽的天使，

你创造了生命的奇迹。

我是活的试剂，

陪你感知科学的神奇。

我是活的试剂，

我是精密仪器。

尝药试针是我的主题，

奉献牺牲是我的意义。

尝药试针你把我代替，

奉献牺牲我永远铭记，

你是健康美丽的天使，

你创造了生命的奇迹。

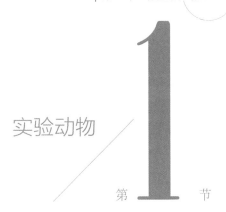

实验动物

第 1 节

　　用动物做实验来研究人体、生命的奥秘，探寻医治疾病的方法和药物，是古今中外医学者的不二选择。无论是现代医学还是传统医学等发展之路都凝结着动物们的巨大奉献，古代医学发达的中国、印度、埃及、古希腊、古罗马等，都曾有使用动物做医学实验的记载。在中国古代医药学的发展史上，关于对动物实验的记载最早可追溯到两三千年前先秦时期成书的《山海经》，唐代《朝野佥载》、宋代小说《太平广记》、宋代综合性笔记体著作《梦溪笔谈》等书籍中，均有古人用动物做实验的阐述。古人认为"人禽（畜）"是"一理"的，正如明末学者方以智在《物理小识》中说："嚎者、跂者……皆可以任督荣卫观之，皆可以好恶制化穷之。"基于这一理论，古人能在动物身上复制出类似于人体的疾病，然后用某药以治疗，藉以探讨该药物在动物体内的药理作用，最后研究出对人的最佳治疗方案。

　　动物的趋利避害、保护自我的自救本能是人类医疗行为诞生的内源性动力之一，动物的本能性自救行为和相关措施，也可以视为人类医学演进长链中最早且最直接的开端。基于这样的认识，科学家们在科学研究中，特别是医药生物领域的研究中，广泛地使用各种各样的动物，并取得了一个又一个具有划时代意义的成果。例如传染病病原的发现，预防接种、抗生素、麻醉剂、人工循环、激素等技术的使用，脏器移植、肿瘤的病毒病原和化学致癌物的发现等，都不开动物实验。此外，临床医学的许多重大技术的创造和发展也与动物实验息息相关，比如低温麻醉、体外循环、脑外科、心脏外科、断肢再植、器官或组织的移植术等技术都与动物实验的开展紧密相关。特别是 20 世纪 50 年代，外科进入了低温麻醉、深低温麻醉、人工心脏体外循环的时代，这些技术完全都是在动物实验的基础上发展起来的。

在 20 世纪 50 年代前，所有用来做实验的动物与普通的野生动物、养殖动物基本没有什么区别，但随着科学发展，人们对动物实验的需求越来越旺盛，就出现了专门进行相关动物养殖以用于科学实验的情况，这也成为一些人养家糊口、发财致富的途径。1900 年，美国有一位叫阿比·莱思罗普（Abbie E. C. Lathrop）的退休教师在马萨诸塞州创办了一家小农场，刚开始养的是家禽，可是经营状况不是很理想，之后她就开始尝试起了新生意——饲养宠物小鼠。鼠场最初的种鼠来源包括在佛蒙特州和密歇根州捕获的野鼠、来自欧洲和北美的各种毛色奇特的小鼠以及从日本进口的一对华尔兹（Waltzing）小鼠。华尔兹小鼠在中国和日本被作为宠物，可能是由于近亲繁殖了多代，导致内耳功能受损，易紧张、转圈。华尔兹小鼠具有惊人的生育能力，不长时间就从最初的一对小鼠变成了一农场的小鼠。

与此同时，以满足科学家好奇心为主的动物实验逐渐走向正轨，生物学家们开始抱怨所用动物得到的结果不稳定、重复性差。当时动物饲养条件非常有限，用于实验的动物大多来自农场、市场或实验室的一般饲养，随意性很强，流行病和慢性病常见，似乎一下子也难找到满足科学家们对用于实验的动物的质量要求。莱斯罗普非常细心，对小鼠的繁殖计划做得非常详细，相关饲养的记录也非常完备，农场生产销售的小鼠一致性相对可靠，她对小鼠进行了人工驯养、繁殖，对其携带的微生物进行了控制，明确其遗传背景，这些工作开创了实验小鼠标准化的先河。

随着医学科学的飞速发展，研究的多样性、特殊性和国际性逐步提高，对用来实验的动物质量和品种也提出了更高的要求，用于科学实验的动物质量标准化、规范化的呼声越来越高，相关专业机构也如雨后春笋般地迅猛发展起来。1934 年，德国科学家向德国研究会建议组建专门机构对动物的健康状况、遗传背景进行研究和管理。1942 年，英国病理学会向医学研究会和农业研究会提出建议，要重视培育健康的实验动物，并于 1947 年成立了实验动物局（后改称实验动物中心）。1944 年，美国纽约科学院首次专门讨论实验动物与医学发展的关系，提出实验动物标准化势在必行。1950 年，美国成立了美国实验动物学会（American Association for Laboratory Animal Science，AALAS）。1951 年，日本成立实验动物研究会，后改名为日本实验动物学会（Japanese Association for Laboratory Animal Science，JALAS）。1965 年，美国成立了美国实验动物管理与评估协会（American Association for Accreditation of Laboratory Animal Care，AAALAC），后改名为国际实验动物评估委员会（Association for Assessment and Accreditation of Laboratory Animal Care International，AAALAC International），拥有实验动物管理职能，有权发放许可证。1957 年，美国又成立了美国实验动物医学会（American College of Laboratory Animal Medicine，ACLAM）。同一年，德国成立中央实验动物研究所（Zentralinstitut für Versuchstierzucht der DFG，ZfV）。1961 年，加拿大建立动物管理委员会，出版了《实验用动物管理与使用指南》（*Guide to the Care and Use of Experimental Animals*）。这些国家相继颁布了实验动物的相关条例和法规，逐步建立了完整的组织机构与完善的教育、科研、生产管理与应用体系，有力地推动着工农业、医疗保健事业与科学技术的发展。

1956 年，联合国教科文组织（United Nations Educational, Scientific and Cultural Organization，UNESCO）、国际医学组织联合会（Council for International Organizations of Medical Sciences，CIOMS）、国际生物科学联合会（International Union of Biological Sciences，IUBS）共同发起实验动物国际委员会（International Committee on Laboratory Animals，ICLA），并于 1958 年 12 月 4 日联合国教科文组织在法国巴黎召开的一次咨询会议上正式成立，1979 年改名为国际实验动物科学理事会（International Council for Laboratory Animal Science，ICLAS），现有 35 个国家和 29 个科学团体以及国际组织联合会（国际毒理联合会，International Union of Toxicology，IUTOX；国际药理联合会，International Union of Basic and Clinical Pharmacology，IUPHAR）的实验动物工作机构和学术团体参加。国际实验动物科学理事会提倡全球范围内实验动物科学与生物研究资源的进步，促进实验动物科学知识与资源的国际合作与共享；通过建立标准及资源支持，促进高质量实验动物的控制与生产，收集和传播实验动物科学的信息；促使人们在科学研究实验中本着科学的态度、遵循伦理的原则合理地使用实验动物。

一般认为，"实验动物"作为一个学术概念是在 20 世纪 50 年代被正式提出的，科学界把遗传背景和微生物背景得到一定控制的专门用于科学实验的动物，称为实验动物（Laboratory Animal）。

如果仅从字面来理解，实验动物就是科学研究中用来做实验的动物，但是在中国，实验动物不仅是个科学术语，更是个法律名词。根据1988年10月31日国务院批准、1988年11月14日国家科学技术委员会第2号令发布的《实验动物管理条例》中的定义，实验动物是指"经人工饲育，对其携带的微生物实行控制，遗传背景明确或者来源清楚的，用于科学研究、教学、生产、检定以及其他科学实验的动物"。实验动物来源于野生动物、经济动物、警卫动物和观赏动物等，但又与这些动物存在明显区别。其主要区别在于：一，遗传背景要非常明确，在遗传学上，必须是人工培育、来源清楚、遗传背景明确的动物，即实验动物应是遗传限定且经人工培育的动物；二，微生物和寄生虫要严格控制，在实验动物繁育的全过程中，必须严格监控其携带的微生物和寄生虫；三，实验结果要精确，如同理化实验需要精密仪器和高纯度试剂一样，作为"活的精密仪器"，实验动物用于生命科学研究实验要求其对实验因素敏感性强、反应高度一致，使实验研究结果具有可靠性、精确性、可比性、可重复性和科学性。

实验动物可以分为常规实验动物、自发突变实验动物和基因工程实验动物三类。第一类常规实验动物是可以正常生长、发育和没有特定疾病表型的实验动物。从20世纪初美国育种学家利特尔培育了第一个小鼠近交系以来，世界各国开始通过近交和远交等育种技术，培育小鼠、大鼠、地鼠、豚鼠、家兔、犬、小型猪等近交系和远交系常规实验动物，以便尽可能地控制遗传背景，使同一品系实验动物的遗传背景保持一致，提高科学研究的可重复性。到2016年，世界上至少有小鼠近交系400余个、大鼠近交系200余个、地鼠近交系45个、豚鼠近交系15个、家兔近交系30多个以及小型猪7个。第二类自发突变动物是在繁育过程中基因组发生突变而引起特定表型改变的实验动物，经过回交和测交等培育技术形成了表型稳定遗传的品系。自发突变品系最多的是大小鼠，在基因工程技术出现以前，筛选突变品系是培育疾病动物模型的主要手段。例如，广泛应用于肿瘤研究的裸鼠是免疫相关基因突变而形成的免疫缺陷品系；广泛用于Ⅱ型糖尿病研究的db/db小鼠是瘦素受体突变而形成的肥胖和糖尿病易感品系。自发突变大小鼠是遗传性的疾病动物模型资源，目前自发突变大小鼠模型涵盖了近百种人类疾病，也是使用最广泛的一类疾病动物模型。中国常用的自发突变大小鼠包括高血压大鼠、肥胖小鼠、免疫缺陷小鼠、糖尿病小鼠、自身免疫病小鼠、早衰小鼠等约 30 多个品系。第三类基因工程动物是指使用转基因技术、基因打靶技术或基因组编辑技术等各种基因重组技术手段，人为地修饰、改变或干预生物原有 DNA 的遗传组成，并能产生稳定遗传的新品系。20 世纪 80 年代初，詹姆斯·戈登（James W. Gordon）等首次利用显微注射纯化的 DNA 到小鼠的胚胎原核内，产生转基因动物。随后马丁·约翰·埃文斯（Martin J. Evans）、马里奥·卡佩奇（Mario R. Capecchi）和奥利弗·史密斯（Oliver Smithies）等研发了基因打靶技术。随着 21 世纪初出现的基因编辑技术（CRISPR/Cas9）等一系列技术的发展，现已形成了一整套成熟的基因工程技术体系，并建立了丰富的基因工程动物资源。

现代医学发展的历史表明，实验动物是诸多科学、技术领域基础研究和产品开发"活的仪器"，是相关领域科学研究的重要基础和支撑条件，应用极为广泛。空间宇航、深海潜水，以实验动物为"先遣部队"；原子弹、化学、激光等杀伤性武器的防护研究，以实验动物为"替难者"；药品安全性、有效性的检验，以实验动物为"侦察兵"。实验动物最突出、最广泛的应用是在生命科学研究的各个领域中，如在生物医学、免疫学、微生物学和遗传工程等领域中，应用实验动物取得了许多重大研究成果。在长期与各种严重疾病的搏斗中，特别是面对心脑血管病、癌症、糖尿病等常见多发疾病，实验动物科学家已逐步培育出相应的动物模型用于探察疾病的发病机理和病理过程、特性，为进行预防和治疗研究提供了良好条件。此外，实验动物也被广泛应用于农牧业、环境保护、食品卫生和计划生育等领域。

实验动物是"活的精密仪器""活的天平""活的试剂"，人们常说："实验动物是一杆秤，如果秤不准，标准不规范，科研和相关产品就会受到很大影响。"这形象地说明了实验动物的重要性。

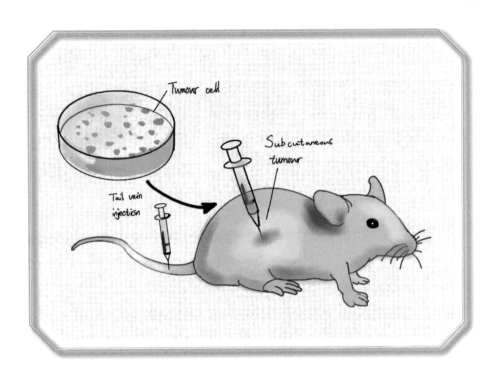

实 验 动 物 之 歌 （ 献 身 ）

我是小白鼠，

他是大灰兔，

我们都是科学家的实验动物。

手术先试他，治疗再试我，

我们用生命为人类的健康服务。

啊，实验动物，

实验动物来自山河林湖，

我们用生命为人类的健康服务。

实验动物来自山河林湖，

我们用生命为人类的健康服务。

我是大蟾蜍，

他是小猪猪，

我们都是科学家的实验动物。

毒素注向我，病患加给他，

我们用生命来推动科学的进步。

啊，实验动物，

实验动物拥有庞大家族。

我们用生命来推动科学的进步。

实验动物拥有庞大家族，

我们用生命来推动科学的进步。

实验动物科学 / 第 **2** 节

实验动物科学（Laboratory Animal Sciences）是研究实验动物和动物实验的一门新兴科学。前者以实验动物本身为对象，专门研究它的育种、保种（培育新品种、保持原有品系的遗传特性）、生物学特性（包括解剖、生理、生化、生殖及生态等特点）、繁殖生产、饲养管理以及疾病的预防、诊断和治疗，以期能够提供标准的实验动物；后者以实验动物为材料，采用各种方法在实验动物身上进行实验，研究动物实验过程中实验动物的反应、表现及其发生、发展规律等问题，着重探索如何将实验动物应用到各个科学领域中去，为生命科学和生物医药产业等服务。

"实验动物科学"这个名称自从 20 世纪 50 年代初诞生以来，经过各个领域的科学家们对实验动物本身和动物实验过程中的许多重要因素进行的广泛研究和大量资料积累，至今已成为一门具有理论体系的独立学科。简而言之，实验动物科学就是专门研究实验动物的生物特性、饲养繁殖、遗传育种、质量控制、疾病防治和开发应用的科学。实验动物科学发展的最终目的，就是要通过对动物本身生命现象的研究，探索人类的生命奥秘，对抗人类的疾病，延缓人类的衰老，维护人类的生命健康，延长人类的寿命。

鉴于实验动物学科对国家生命科技发展和生物医药产业发展的重要支撑作用，欧美发达国家竞相将该学科作为战略支撑学科给予大量稳定的资金资助。以 1929 年建立的美国杰克逊实验室（Jackson Laboratory，JAX）为代表，欧美发达国家纷纷建立了代表性研究机构，例如桑格尔研究所、日本熊本大学等，集中进行实验动物资源的研制、培育和共享。为了在国际实验动物资源竞争中占据优势，美国在 1962 年专门成立了国家研究资源中心（National Center for

Research Resources，NCRR）。据统计，通过 NCRR 支持建立的国家级实验动物资源和技术服务机构涉及啮齿类动物、非人灵长类动物、水生动物、猪、无脊椎动物等诸多动物种类。其中，啮齿类国家中心 12 个，现有啮齿类人类疾病动物模型 20000 多种；非人灵长类研究和资源中心 15 个；大猩猩研究资源中心 3 个；遗传资源分析库 6 个。NCRR 于 2011 年并入美国国立卫生研究院（National Institutes of Health，NIH），其 50 余年的发展历程对推动美国实验动物资源发展并占据全球领先地位起到了不可或缺的作用。

除了学科研究和资源建设之外，欧美发达国家也意识到了实验动物的微生物质量和遗传质量对科学研究的重要性。鉴于实验动物表型信息对于科学研究的重要意义，为解析哺乳动物的编码基因功能，全球 16 家知名研究机构、动物资源开发和保存中心在 2011 年共同发起了国际小鼠表型分析联盟（International Mouse Phenotyping Consortium，IMPC），目前成员有 11 个国家的 19 个研究机构，目标是建立同一背景品系下的 2 万个基因敲除小鼠品系，并通过标准表型分析技术完成所有小鼠表型的信息分析，将小鼠资源和表型信息全球共享。

实验动物科学是专门研究实验动物的生物特性、饲养繁殖、遗传育种、质量控制、疾病防治和开发应用的新兴科学，这门科学是综合性的，它所涉及的知识面很广泛，所包含的内容极为丰富，其中以生物学、医学、药学、兽医学、畜牧学等为对象，以遗传学、育种学、病理学、生理学、营养学、微生物学等为基础，借鉴机械工程学、环境卫生学、建筑学等学科，对实验动物、动物实验方法和实验动物设施、装备等进行开发和研究。实验动物科学是现代科学技术的重要组成部分，是生命科学的基础和条件，是衡量一个国家或一个科研单位科学研究水平的重要标志。

中国实验动物科学的发展比较缓慢，新中国成立前只有少数的高等院校、医药部门进行一些实验动物工作，主要是繁殖一定数量的各种实验动物。新中国成立后，中国的实验动物科学在党和政府的重视、关怀下，在中国广大医学、兽医学和实验动物科学工作者的共同努力下，于实验动物的研究与生产方面做了大量工作，取得了不少成绩。在 20 世纪 80 年代初，全国已形成了一支约 500 ～ 600 人的实验动物专业队伍，先后培育成功了像低癌系津白一号、高癌系津白二号和白血病实验小鼠 615 这样有价值的近交系小鼠；从国外引进并保种、繁殖的 C3H、C57BL、DBA/2、BALB/c 以及裸鼠等共 20 个品系；培育 SPF 鸡、猪和裸鼠的微生物监测技术 8 种以上。在实验动物的保种、育种、饲养、管理、繁殖、疾病防治、环境控制以及其他监测技术方面，我国也取得了初步进展；在医学、兽医学以及其他有关生物科学的应用上，获得了一些具有世界水平的成果。这些成果都为科研、工农业生产的发展创造了条件，为保障人民健康与国民经济发展做出了贡献。

党的十一届三中全会以后，在对外开放和对内搞活的经济政策指导下，为适应"四个现代化"的要求，中国的实验动物科学又有了新的发展，并取得了很大的成绩。1982 年，国家科委在云南西双版纳主持召开了第一届全国实验动物工作会议，各地区、各部门也相继召开了本地区的实验动物工作会议。1984 年，国务院批准建立了中国实验动物科学技术开发中心，在国家科学技术发展总方针的指导下，研究提出发展中国实验动物科学技术的方针、政策、法规和规划；协调管理实验动物科学技术的开发研究和人才培养；落实安排实验动物科技有关条件的开发建设和经营业务；组织实施实验动物科技领域的国际合作和学术交流；抓好实验动物科学技术情报、学术活动以及提供科技咨询等，这对促进中国实验动物科技工作的发展起着重要的作用。1985 年，国家科委在北京召开了第二次全国实验动物科技工作会议，会议制定了发展规划和实验动物法规，有力地推动了中国实验动物科学事业的发展。1987 年，中国实验动物学会成立，形成了每两年举行一次实验动物领域学术交流的惯例。1988 年，经国务院批准，由国家科委以 2 号令形式发布了中国第一部实验动物行政管理法规《实验动物管理条例》，明确规定了实验动物的管理形式，即国家科委（科技部）主管全国实验动物工作，省、自治区、直辖市科委（科技厅局）主管本地区的实验动物工作，国务院各有关部门负责管理本部门的实验动物工作。《实验动物管理条例》界定了实验动物的概念，明确了管理内容、实验动物饲养管理、质量管理、疫情控制、进出口管理、实验动物从业人员的培训与管理、动物实验管理等诸多基本要求。

此后，国家科委等部门先后印发了《实验动物质量管理办法》等部门规章和规范性文件。为落实《实验动物质量管理办法》中提出的任务，科技部又先后制定和发布了《国家实验动物种子中心管理办法》《国家啮齿类实验动物种子中心引种、供种实施细则》《省级实验动物质量检测机构技术审查准则》。2001年，科技部与卫生部等七部（局）联合发布了《实验动物许可证管理办法》。2006年9月30日，科技部发布了中国第一次针对实验动物福利出台的比较全面系统的法规——《关于善待实验动物的指导性意见》（国科发财字〔2006〕398号），在动物福利立法方面迈出了可喜的一步，不仅结束了中国没有专门制定动物福利法的历史，还填补了中国在实验动物福利法上的空白。2017年12月28日，农业部、科技部联合印发了《关于做好实验动物检疫监管工作的通知》，明确了实验动物检疫范围、检疫要求，简化了实验动物的检疫监管要求。通过这一系列的执法管理，有效促进了全国实验动物事业的标准化发展。

党的十九大指出：进入中国特色社会主义新时代，中国社会主要矛盾已经转化为"人民日益增长的美好生活需要和不平衡不充分的发展之间的矛盾"。显而易见，健康是美好生活的基础与根本所在，而长寿则是增强美好生活获得感的重要路径。从《实验动物管理条例》发布至今，经过30多年的创新发展，实验动物科学，特别是实验动物的重要性愈来愈被人们所认识，它已被认为是"人类追求幸福生活的支柱"。

实 验 动 物 之 歌 （ 呵 护 ）

这是小白鼠，

那是大灰兔，

他们都是科学家的实验动物。

新法他先试，新药他先尝，

他们用生命为人类的健康服务。

实验动物来自山河林湖，

实验动物是人类的朋友，

我们要好好把他们呵护。

他们为人类健康服务，

我们要好好把他们呵护。

这是大蟾蜍，

那是小猪猪，

他们都是科学家的实验动物。

实验要用他，研究还用他，

他们用生命来推动科学的进步。

实验动物拥有庞大家族。

实验动物是人类的朋友，

我们要好好把他们呵护。

他们推动科学的进步，

我们要好好把他们呵护。

人源化动物

3

第　节

在人的器官出现严重病变时，用动物的器官予以代替的故事在神话传说和文学作品中屡见不鲜。古希腊神话中有个喷火怪兽名叫奇美拉，形象是狮头、蛇尾、羊身，在背上还昂扬伸出一颗羊头。如今，奇美拉已成为一个生物学术语，译为嵌合体（Chimera），意指来自不同生物体的细胞、器官组织或分子结合在一起形成的新个体。在中国传说中，家喻户晓的神医扁鹊也曾给鲁国的公扈和赵国的齐婴互换心脏，让其二人的体格与性格相匹配。如今，器官移植已经从神话走向了现实，成千上万的患者因此获得了新生。但是，动物器官直接移植到人体，仍然难以跨越排异反应的鸿沟。如果人体接受这些"异种器官移植"而不引起免疫系统的强烈反应，那么动物们将成为源源不断的人体移植器官来源，可有效解决人体移植器官严重短缺的现状。科学家们一直试图在动物体内培育人类器官或者让动物的器官尽量与人的器官在基因方面更为接近。

实验动物作为"活的试剂"，为人类健康事业做出了巨大贡献，医学上许多重大发现都离不开实验动物。但由于实验动物与人在基因组、基因调控、细胞类型、器官结构与组成、疾病类型等方面有一定差别，目前仍有许多人类疾病模型在实验动物中不能复制；即使能复制，也由于实验动物疾病与人类疾病存在的差异，这些模型不能完全反映人类疾病的特点，严重制约了生物医学发展。

如何提升动物模型与人类疾病的相似性是实验动物科学的根本追求之一。近几十年来，科学家进行了许多努力，试图通过细胞生物学、分子生物学等新技术、新方法将人体组织或器官移植到实验动物身上，在其体内重建人体组织或器官功能以建立人种属特异性病理、生理反应，期望通过实验动物能携带有人的功能性基因，在一定程度上提升动物模型与人类疾病的相似性。于是，在实验动物学研究领域诞生了一个新的学科分支——人源化动物，即把动物源的基因、细胞或组织换成人源的。

20世纪80、90年代，研究者将人外周血单个核细胞（Peripheral Blood Mononuclear Cell，PBMC）、胎儿胸腺等移植到裸小鼠、NOD-SCID小鼠等免疫缺陷动物体内，建立了携带有人体组织或器官的嵌合体动物，移植的人体组织或器官可以在受体动物中生长，因此也会产生类人的病理、生理反应。此类动物可以说是人源化动物的雏形，但由于移植物在动物体内存活时间短，只能局部反映人种属特点，因此其应用范围有限。进入21世纪后，随着体外同源重组技术和胚胎干细胞技术的不断完善，人源化动物发展也日新月异，目前已有多个不同品种、品系的人源化动物供生物医学研究应用。

人源化动物是在免疫缺陷动物的基础上建立起来的，由于免疫系统缺失，来源于人的移植物才可在免疫缺陷动物体内存活。在人源化动物研究之初，自发性免疫缺陷裸小鼠是研究者常用的工具，随后免疫缺陷程度更高的SCID、NOD-SCID小鼠成为研究者的新宠。但是，不管是裸小鼠还是SCID小鼠，其免疫缺陷程度有限，无法从根本上解决移植物在受体动物中长时间存活的问题。随着体外同源重组技术和胚胎干细胞技术的不断完善，研究者将免疫相关基因进行突变，令动物免疫功能更低、免疫缺陷程度更高，更有利于移植物在该类动物机体内存活。

实验动物人源化的发展主要得益于基因编辑技术和干细胞培养技术的进步。实验动物人源化有两种方式。一种方式是基因人源化，将人类的抗体、病原受体、药物代谢基因等敲入动物（主要是大小鼠）基因组中，代替动物原有的基因，使动物可以分泌人类抗体、感染人传染病病原，具有与人类相似的药物代谢行为和毒理表型，可用于人源化抗体生产、传染病模型制备、靶点药评价和药物安全评价等。另一种方式是细胞人源化，在免疫缺陷的动物中，例如NSG小鼠或严重免疫缺陷大鼠，注射一定数量的人类细胞或干细胞，使动物的组织有一定量的人类细胞，形成细胞人源化动物模型，比如血液组织人源化的小鼠可以感染HIV、肝组织人源化小鼠可以感染HBV等。

与传统实验动物相比，人源化动物有诸多优势，其应用范围较广，肿瘤学、血液学、微生物学、器官移植及免疫学等研究领域应用人源化动物后已取得了一批重大研究成果。人源化抗体小鼠是开发全人源化抗体药物的核心工具动物，具有巨大的战略和商业价值。截至2017年底，美国食品药品监督管理局批准了25个全人源化抗体药物上市，其中18个来源于人源化抗体转基因动物，年产值逾百亿美金。

国外出现人源化小鼠以后，中国科学家也积极开始了这方面的研究工作，以开发具有独立知识产权的人源化动物。2009年，国家科技部投入资金开展人源化动物方面的研究工作，经过多年的发展，已建立了多个具有独立知识产权的人源化动物品种（品系）。从整体水平来看，尽管中国人源化动物研究起步晚，但进展较快，目前在这方面已经取得很大成功。北京维通达生物技术有限公司开发的具有独立知识产权的 NPG 和 URGTM 小鼠，在国内得到广泛应用。2010年以后，随着 TALEN 及 CRISPR/Cas9 技术的发展，进一步加快了人源化动物研究的步伐。南京大学模式动物研究所采用 CRISPR/Cas9 技术敲除了 NOG/ShiltJGpt 小鼠 Prkdc 及 IL2rg 基因，构建了高度免疫缺陷的 NCG 小鼠。TALEN 和 CRISPR/Cas9 技术的应用无物种限制，同样可在大鼠、兔及非人灵长类动物中实现靶基因的快速敲除。中国科学家利用该技术又敲除了兔、大鼠及食蟹猴的 Rag2 或 IL2rg 基因，这些研究为人源化动物多样性奠定了良好的基础。不过与国外相比，中国人源化动物发展水平仍明显落后。

2020年，新型冠状病毒（2019-nCoV）疫情已经逐渐演变成一场全球范围的公共卫生危机，给世界带来了巨大的不确定性。据科学家研究，新冠病毒是通过一种酶（ACE2）来感染人类，小鼠也有这种酶，只是和人的有比较大的差异，因此小鼠对新冠病毒不易感。通过基因敲入技术，用人类 ACE2 基因替换掉了小鼠的 ACE2 基因，使小鼠只表达人的 ACE2 蛋白，给新冠病毒打开感染小鼠细胞的感染通道，从而模拟人体感染新冠病毒的情况用于病毒研究和疫苗开发。广州再生医学与健康广东省实验室、中检院实验动物资源研究所、江苏集萃药康生物科技有限公司、赛业（苏州）生物科技有限公司等单位自主研发的人源化 ACE2 小鼠能够最大限度地模拟人体感染新冠病毒的情况，为药物和疫苗研发提供最坚实的动物模型基础。

人源化动物自应用以来，极大地促进了生物医学的发展。尽管目前人源化动物在中国的应用范围有限，但随着生物医学的发展和中国科技投入力度不断加大，人源化动物在中国将会有极大的应用前景。人源化动物模型促进了人感染性疾病、癌症、再生医学、移植与宿主、过敏和免疫等领域的研究发展。利用人源化动物模型最终有可能实现临床上真正"个性化"医疗的目标。

采桑子

悉 生 动 物

生物研究惧干扰，能否无菌，何菌可知?

实验动物应提质!

先贤探索真不易，屏障隔离，菌群控制。

无单双多皆知悉!

悉生动物 / 第 **4** 节

　　"悉生"这个词，在日常用语中不易用到，在古代诗词以及经典著作也不多见，但并非完全没有。比如成书于东汉中晚期的道教经典之一《太平经》中就写道："夫道兴者主生，万物悉生；德兴者主养，万物人民悉养，无冤结。"唐代宰相牛僧孺在《玄怪录·古元之》中写道："原野无凡树，悉生百果及相思、石榴之辈。"宋代张淏在《艮岳记》中写道："金蛾、玉羞、虎耳……之草，不以土地之殊，风气之异，悉生成长养于雕栏曲槛。"这里的"悉"是都、全部的意思，"生"则是生长、生命的意思。

　　在实验动物学中，"悉生动物"则是个专有名词，这里的"悉"是已知、晓得、明白、知悉的意思，"生"则是"微生物、生物体"的意思。顾名思义，如果动物体内外栖息的微生物和寄生虫都是已知的，则可以称之为"悉生动物"。实验动物按照微生物和寄生虫控制的等级，一般分为四个等级：一，普通动物，要求动物不携带主要的人兽共患病、自身的烈性传染病的病原体及体外寄生虫，一般是在开放（普通）环境下饲养；二，清洁级动物，要求动物不带有一些传染病的病原微生物，及常见的体内寄生虫，应在温度、湿度可控的屏障系统中进行饲养、繁殖或使用；三，无特定病原体动物（SPF动物），这也是国际公认标准的实验动物，要求动物不携带可能干扰实验的进行或结果的特定微生物和寄生虫，在屏障系统中进行保种、饲育及使用，按国家标准严格实施微生物和寄生虫控制；四，无菌动物与悉生动物，无菌动物要求动物不携带任何以现有手段可检出的微生物和寄生虫，在无菌动物中人为地植入已知的一种或数种微生物的动物被称为悉生动物，无菌动物和悉生动物都应置于无菌隔离装置中保育，饲养管理严格按照无菌条件处理。

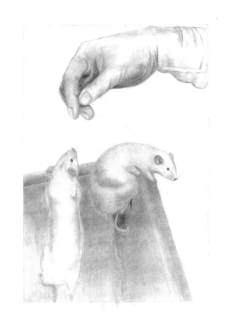

"悉生动物"在自然界中并不存在，必须人为才能培育出来。微生物种类繁多、个体微小，生长旺、繁殖快，无所不在，无孔不入。当胎仔冲破羊膜，进入产道，随着第一次呼吸、第一声啼哭，微生物便会迅速侵入其体内，占据适当部位开始定居繁衍。这些微生物群和寄主的关系以及它们彼此的关系错综复杂，人们不可能全部知悉，当然也就不可能存在所谓的"悉生动物"。用这样的动物做科学研究，在理论上是不能排除存在于动物体内微生物群的干扰的，其所得结论也只能是有条件的。

随着科学的发展，如何消除栖息在实验动物体内的细菌和其他微生物对实验结果的干扰成为实验动物工作者必须面对并加以解决的问题。实验证明，除了将剖腹产所获得的仔畜饲养在严格的无菌隔离屏障内，没有另外的办法可以消除实验动物本身所带的传染性疾患。随着无菌隔离技术的应用及微生物与宿主之间相互依存关系研究的深入，生产可以明确知道其体内带有何种微生物的实验动物在技术上成为可能。选用此种动物做实验，可排除动物体内带有的各种不明确的微生物对实验结果的干扰，常用于研究微生物和宿主动物之间的关系，并可按研究目的来选择某种微生物。

中国科学院院士、中国微生态学的奠基人、医学微生物学家魏曦是第一个把悉生生物学术语和有关内容介绍给中国的学者，他在《关于 Gnotobiology 一词汉译的商榷》（《微生物学通报》1981 年 06 期）一文中对"Gnotobiology"这个术语的语源、语义等做了详细推敲，认为日文"无菌生物学"的译法存在一定的局限性，而汉语的"悉"字有"知道""全面"两个含义，译为"悉生生物学"更为确切。2007 年，辽宁大学出版社出版了王荫槐、王钜编著的《悉生动物学》，介绍了悉生动物的发展史、悉生工程、悉生动物营养、悉生动物的培育饲养、悉生动物的生物学特征及悉生动物的应用和未来展望等，是一本与实验动物相结合、对实际工作具有指导意义的参考书，对中国实验动物净化技术的发展，屏障设施系统运行管理水平的提高，实验动物质量的提高起到了进一步的推动作用。

悉生动物从一出现就在微生物学研究方面发挥着重要的作用，利用它进行的微生物与宿主和微生物间相互关系的研究已经十分广泛，取得了普通动物实验所无法发现的丰硕成果。当对某种悉生动物施以物理、化学等致病因子时，可以观察机体、微生物、致病因子三方面相互作用关系。利用悉生动物进行的细菌、病毒和寄生虫等引起的人类疾病的致病机理及治疗方法方面的研究也越来越受到重视。特别是在病毒疫苗的研究方面，悉生动物由于其体内抗体分泌细胞水平低，在特异性抗原刺激后反应迅速，数量增加多并保持对抗原刺激的较高特异性，是疫苗研制和评价的良好工具。尤其是对于通过粘膜途径感染或传播的病原体，如各种肠道致病菌、肠道病毒、牛诺沃克类病毒、幽门螺旋杆菌等，只有选用悉生动物，才有可能了解到单一微生物和抗体之间的关系。多种微生物存在于同一机体内，可以观察微生物与微生物之间、微生物与机体之间的相互关系和菌群失调的现象。运用悉生动物模型，人们还发现了粘膜免疫和系统免疫的不同之处，为粘膜疫苗的设计及口服疫苗的给药方式提供了新的思路。

悉生动物的饲养管理方法和无菌动物相同，由于肠道里没有细菌，无菌动物不能在肠内合成机体所需的某些维生素和氨基酸，所以必须从日常的饲料中补给。无菌动物饲养管理困难，且生活能力较差，把对机体有益的若干种肠道细菌喂给无菌动物，使之在肠道内定居，这就成为悉生动物。很多实验证明，悉生动物生活能力比无菌动物要强，较易饲养，在多种研究实验中，可以代替无菌动物。

虽然悉生动物在生命科学各个领域的应用取得了很大成功，其作为一种稳定可靠的实验工具得到越来越广的应用，但是国内对悉生动物的研究开展得较晚，我们对它的认知，包括动物种类的研究开发、生理生化指标的确定、动物不同代数的生物学特性等方面，尚缺乏系统、全面的研究，使其在中国的应用受到一定的限制。期待科研工作者深入研究，真正让大家"全面""知悉"悉生动物的一切，真正让人类"全面""知悉"生命的奥秘。

天净沙

研究容易简便，

揭示规律普遍，

标准稳定显现。

线虫果蝇，

模式动物经典。

模式动物 / **5**

　　模式是主体行为的一般方式，包括科学实验模式、经济发展模式、企业盈利模式等，是理论和实践之间的中介环节，具有一般性、简单性、重复性、结构性、稳定性、可操作性的特征。《魏书·源子恭传》中写道："故尚书令、任城王臣澄按故司空臣冲所造明堂样，并连表诏答、两京模式，奏求营起。"宋代张邦基在《墨庄漫录》卷八中写道："闻先生之艺久矣，愿见笔法，以为模式。"清代薛福成《代李伯相重锲汉滨遗书序》中写道："王君、夏君表章前哲，以为邦人士模式，可谓能勤其职矣。"

　　在生命科学、生物医药和健康研究领域，实验动物在生命活动中的生理和病理过程与人类或异种动物都有很多相似之处，可互为参照。对一些难以在人身上进行的工作以及一些数量很少的珍稀动物，或一些因体型庞大、不易实施操作的动物种类，采用取材容易、操作简便的另一种动物来进行替代实验研究，这就是动物实验。为了保证这些动物实验更科学、更准确、更具有重复性，可以用各种方法把一些需要研究的生理或病理活动相对稳定地显现在标准化的实验动物身上，供实验研究之用，这些标准化的实验动物就称为模式动物。随着科学的发展，有关生命科学的知识越来越多，亟须对这些凌乱的知识进行系统整理，帮助人们全面地理解生命的整体过程。但是人们的精力是有限的，不可能将所有的生物一一研究，这时一些有代表性的生物就被选择出来进行研究，这是模式生物出现的原动力。另外，在医学领域中，因为伦理问题，一些实验不可能用人来做实验材料，因此不得不寻找可靠的替代物，这是模式生物出现的另一个推动力。

　　生命科学研究中常用的模式动物有小鼠、果蝇、斑马鱼、非洲爪蟾、文昌鱼、

秀丽隐杆线虫、海胆、蝾螈、河豚鱼、大鼠、鸡、猪和狗等。1891 年，汉斯·德里施（Hans Driesch）在显微镜下把刚刚完成第一次卵裂的海胆胚胎一分为二，得到的两个子细胞各自形成了一个完整的海胆幼虫。这个实验证明了胚胎具有调整发育的能力，为现代发育生物学奠定了第一块观念里程碑。20 世纪 70 年代，美国分子生物学家乔治·施特雷辛格（George Streisinger）注意到斑马鱼的优点，开始研究其养殖方法、胚胎发育等，并推动了一些相关的遗传学技术的发展，在《自然》（*Nature*）上发表了关于斑马鱼体外受精、单倍体诱导技术相关的论文。到 20 世纪 90 年代初，德国发育遗传学家克里斯蒂亚娜·尼斯莱因－福尔哈德（Christiane Nüsslein-Volhard）和美国哈佛大学的沃尔夫冈·德里弗（Wolfgang Driever）博士的研究组同时开始了对斑马鱼进行大规模化学诱变研究。

果蝇作为一种实验材料，首先是由 1908 年在纽约冷泉港卡内基实验室工作的卢茨（Lutz）向托马斯·亨特·摩尔根（Thomas Hunt Morgan）推荐的，自 1909 年将它们用作研究遗传变异和染色体关系的材料之后，果蝇就成为经典遗传学家揭示遗传规律的一张王牌。目前，果蝇已成为研究遗传、发育、衰老、疾病、代谢、节律、成瘾、侵犯痛觉、同性恋、睡眠、学习与记忆等的模式动物。

秀丽隐杆线虫的体细胞数量少，只有不足 2000 个，染色体也只有 6 对，这就使追踪每一个细胞的演变成为可能。20世纪60年代，为探索个体及神经发育的遗传机制，英国科学家西德尼·布伦纳（Sydney Brenner）开始考虑研究多细胞生物的遗传学，他选择了秀丽隐杆线虫这一比果蝇更简单的生物。1974年，布伦纳在《遗传学》（Genetics）杂志上发表题为《秀丽隐杆线虫的遗传学》（"The Genetics of Caenorhabditis Elegans"）的文章，详细描述了这种动物的突变体筛选、基因定位等遗传操作方法，为秀丽隐杆线虫作为模式生物进行个体发育的遗传研究奠定了基础。在之后的40多年里，以秀丽隐杆线虫为模式生物的研究几乎涉及生命科学的各个领域，并取得了重大的突破，如促分裂素原活化蛋白激酶（MAPK）信号传导、细胞程序性死亡、RNA干扰、衰老和脂肪代谢等。

效果最好、使用最广泛的模式动物是小鼠。小鼠为什么能成为最好的模式动物呢？主要取决于以下四方面：一，小鼠的基因组计划已基本完成，基因组序列的大量信息为研究基因功能及其表达调控、胚胎发育和人类疾病的分子机制提供了条件基础和技术手段；二，小鼠生理生化和发育过程和人类相似，基因组和人类98%同源，所以很多小鼠疾病模型可以基本上真实地模拟人类疾病的发病过程及对药物的反应；三，小鼠的基因改造技术成熟，从20世纪七八十年代基因改造技术诞生以来到最新的技术突破，基因改造技术在小鼠模型构建方面日趋完善，小鼠成为目前唯一可以进行基因敲除的脊椎动物；四，小鼠繁殖能力强，性成熟早，体型小巧且易于管理，用于实验更加方便快捷。100多年来，人们已经建立了400多个近交系、6000多个突变品系。

模式动物的研究与发展表明，利用相对简约的模式系统研究复杂行为是可行的。"人类基因组计划"的完成极大地改变了生命科学的面貌，从根本上展示了生命世界多样性和生命本质一致性之间的辩证关系。但是，选择什么样的动物作为模式动物取决于所要研究的问题，在一个研究领域使用方便的模式动物，却不一定适合于其他的研究领域。随着研究范围的扩大、研究深度的增加，不断有新的动物进入模式动物行列，为生命科学研究做出贡献。中国模式动物开发和应用的整体水平与欧美发达国家相比仍有很大差距，建立与国际接轨、标准共享、高质量要求的模式动物应用与产业化基地既是保护国家模式动物战略资源、推动中国生物医药产业科技创新的有效手段，也是参与国际竞争的迫切需求。

水 调 歌 头

人类遇新病，动物建模型。病理表型尽现，待验药物灵。

既可基因培育，也能病毒诱导，研究多路径。短期无可替，伦理当自警。

战非典，斗新冠，扫疫愁。英雄谁属？小鼠雪貂恒河猴。

尝针试药不哭，伤残牺牲无泪，科学占鳌头！世界纪念日，凯歌碑前奏。

动物模型

第 **6** 节

"模型"这个词很容易让人想起"数学模型""物理模型""航空模型"等等，似乎与文学无关。其实不然，被称为"江南三名士"之一的清代高燮（高吹万）在《望江南》写道："山庐好，弄巧试模型。偶琢树根成矮几，喜编瓜蔓当围屏。亦觉小珑玲。"诗人沙曾达曾作诗《菜亭》："耄年治圃胜传经，憩息园林作菜亭。径直蔬方类我性，叮咛小子记模型。"鲁迅在《集外集拾遗·〈比亚兹莱画选〉小引》中写道："他把世上一切不一致的事物聚在一堆，以他自己的模型来使他们织成一致。"作家柔石在《二月》中写道："一个上午，一个下午，我接触了两种模型不同的女性底感情的飞沫，我几乎将自己拿来麻痹了！"

所谓模型，是指通过主观意识借助实体或者虚拟表现构成客观阐述形态结构的一种表达目的的物件（物件并不等于物体，不局限于实体与虚拟、不限于平面与立体）。在生命科学与人类健康领域中，实验动物在生命活动中的生理和病理过程与人类有很多相似之处，建立人类重大疾病的动物模型对分析疾病的发病机制、解答特定人群对某种疾病的易感性以及新药研发等发挥着至关重要的作用。利用动物研究生命的本质并类推到人类、加深对人类自身的生、老、病、死等过程的理解和防控是实验动物科学的核心价值和实验动物对人类的奉献。由于各种模式动物在基因水平以及体内微生物组成等方面都与人类有着相当大的差别，而疾病模型与真实疾病的接近程度决定了疾病生物学研究和药物检测的准确性，建立和人类疾病状态相当的疾病模型并不容易。

人类疾病的动物模型（Animal Model of Human Disease）是指各种医学研究中建立的具有人类疾病模拟表现的动物。建立人类疾病动物模型的意义主要有以下几个方面：一，可复制临床上一些不常见的疾病，在人为设计的实验条件下反复观察和研究，同时也避免了人体实验造成的伤害；二，可按需要取样动物模型作为人类疾病的"复制品"，随时采集各种样品或收集标本，以了解疾病全过程；三，可取得条件一致的、数量较大的模型材料，从而提高实验结果的可比性和重复性，使所得到的成果更准确、更深入；四，有助于全面认识疾病的本质，使研究工作上升到立体的水平。

一个好的人类疾病动物模型应具有以下特点：一，再现性好，能再现所要研究的人类疾病，动物疾病表现应与人类疾病相似；二，动物背景资料完整，生命周期满足实验需要；三，复制率高，可以在短时间复制大批量的疾病模型；四，专一性好，即一种方法只能复制出一种模型。

人类疾病动物模型是研究人类疾病发病机制、治疗方法、药物开发等不可或缺的条件，可分为遗传型和非遗传型两类。遗传性疾病动物模型是自发突变、诱导突变或利用基因工程技术对基因组进行修饰引发特定疾病的实验动物，这类动物已经培育为稳定遗传的品系，可长期繁育。非遗传性疾病动物模型是通过常规实验动物的病原感染、手术、化学诱导或物理诱导等技术手段使实验动物发生疾病，几乎涵盖了主要的人类疾病类型。

科研成果显示，小鼠是建立人类疾病的最佳动物模型，研究人员运用
ENU 诱变方法已获得 30 多种小鼠突变品系，涵盖了心血管、代谢疾病、白内
障等疾病模型。科研工作者克隆了相关突变基因，利用这些突变基因找到治疗
疾病新的药物靶点，运用于新药的筛选和开发。小鼠模型基本上可以真实模拟
人类疾病的发病过程和对药物的反应。有研究显示，91% 的文献使用各种品
系的小鼠，7.6% 的文献使用大鼠，只有不到 2% 的文献使用兔子、白鼬、豚
鼠和恒河猴作为模式动物。

应该指出，任何一种动物模型都不能完全复制出人类疾病的所有表现，动
物毕竟不是人体，模型实验只是一种间接性研究，只可能在一个局部或一个方
面与人类疾病相似。所以，模型实验结论的正确性是相对的，最终还必须在人
体上得到验证，复制过程中一旦发现与人类疾病不同的现象，必须分析差异的
性质和程度，找出异同点以正确评估。

2020 年年初，面对突如其来的新冠疫情，中国科学家创制的新冠病毒动
物模型为中国早期防控疫情、尽早开展药物研发和疫苗评价做出了重大贡献。
为落实创新型国家战略，提高中国科学研究的原创能力，为中国医药卫生健康
产业发展和应对新发、突发重大传染性疾病提供源自实验动物的强大科技支撑，
根据科技部工作部署，中国实验动物学会建立了"国家动物模型资源共享信息

平台"，对中国动物资源、动物模型等实验动物及相关信息进行系统采集和整理，涵盖了实验动物资源和实验动物模型的研发、鉴定、评价和应用，发布动物实验专属试剂和仪器设备、基于动物实验的科技外包服务等中国实验动物数据信息，提供实验动物及相关信息数据查询、供求单位需求信息发布和详细资料展示等一站式服务，推动中国实验动物领域信息共享，满足不同层次、不同研究目的的需求。

赞哨兵动物

你不是哨兵

因为

你没有瞭望的设备

也没有护身的铠甲

更没有杀敌的利器

你有的

只是自己的血肉之躯

但是

你的确是哨兵

名副其实的哨兵

你用

灵敏的嗅觉、触觉

易感的免疫系统

脆弱的身体

和甘于奉献的精神

直面病毒

直面污染

用不适、患病甚至牺牲

发出警示

你不是哨兵

你不仅仅是哨兵

你高贵的灵魂在奉献中升华

你的牺牲坚守了一方的和平

你是科学实验中最耀眼的明星

你是守护人类健康的精英

哨兵动物

第 7 节

　　"在那充满雾气的早晨，他们，起得最早。在那被黑暗吞没的大地上，他们，坚守得最晚。在那被光芒照耀的大地上，他们，工作得最辛苦。他们，就是那哨兵，只有他们，起得最早，坚守得最晚，工作得最辛苦。"这是人们对哨兵的礼赞。哨兵，本意指站岗、放哨、巡逻、稽查的士兵。例如明代凌濛初在《初刻拍案惊奇》卷二四写道："是夜，有个巡江捕盗指挥，也泊舟矶下……带了哨兵，一路赶来。"杜鹏程在《保卫延安》第六章写道："哨兵问口令的喊声挡住了他。"

　　很多动物有着"哨兵"的称誉，最典型的莫过于狐獴。狐獴是一种小型的哺乳动物，有点像猫，有点像狐，主要分布于南非的卡拉哈里沙漠。狐獴是非常社会化的动物，它们最大的天敌是来自天空中的猛禽，为了应对"陆军总是难敌空军"的状况，狐獴进化出了能够直视太阳的眼睛，种群活动时，总会有一只或数只狐獴选择在高树上、高坡上等高处位置"站岗"，担任"哨兵"的重任。一旦发现了掠食者，狐獴哨兵会发出大声警告，其他成员便迅速钻进洞穴，或者在洞穴里停止活动；当威胁远去，哨兵又会发出警报解除的信号。动物"哨兵"还是预测地震的帮手，青岛市地震局就在动物园、畜牧场、养殖场等地设置了 132 个监测站点，以有效利用动物对地震的敏感反应而做出提前判断；南宁市共设立地震监测点 143 个，动物种类有鸡、鸭、鱼、羊、猕猴等。这些监测点都设立在动物养殖场等动物聚集的地方，可谓动物哨兵部队中的预备役部队。

　　科学家研究发现，有些动物对环境污染的反应要比人类敏锐得多，当污染物尚未达到人体允许最高浓度之前，有些动物已表现出"可视性"被害状态，因此它们常被人们用来监测污染。人们也把在某特定区域内用于监控或预警环境中各种有毒、有害物质或潜在性有毒、有害物质污染程度的动物称为"哨兵动物"或"岗哨动物"。由于哨兵动物的成本低，在动物疫病监测中使用方便、可操作性强，被世界动物卫生组织（World Organisation for Animal Health，OIE）和发达国家所普遍采用。2001年，巴西在扑灭口蹄疫中使用了492头从未暴露于口蹄疫、非免疫的哨兵牛；2003年，毛里塔尼亚使用1200只绵羊和山羊作为哨兵动物来监测裂谷热；2004年亚洲禽流感疫情发生时，香港渔农自然护理署对全港农场的鸡实施了禽流感疫苗免疫，并在每批本地鸡群中设60只未注射疫苗的哨兵动物，通过临床观察和实验室检验，定期对哨兵动物进行健康检测，将哨兵鸡的健康程度定为进入市场的重要依据。实践结果表明，设立哨兵动物的方法投入少、见效快，操作起来行之有效，不失为建立国际认可无规定疫病区的一种重要手段。此外，哨兵动物在环境监测、毒理分析、食品卫生和动物疫病的预防和控制中也有非常广泛的应用。

实验动物设施中也有"哨兵"，但它们不是用来站岗、放哨的，而是用于监控实验动物饲养环境中病原及病原感染情况的。实验动物学中所指的哨兵动物来源于实验动物，但使用目的不是用于动物实验，而是为了监测实验动物群中的病原微生物，哨兵动物被特意放置在一定条件下或被饲养在特定位置，而这些位置是病原最有可能传染的区域。传统的仪器监测手段已经无法满足动物质量检测的需要，哨兵动物用于监测实验动物健康的做法已被广泛采用，随着实验动物发展步伐的不断加快、实验动物品系的不断扩大，特殊动物应用越来越频繁。各国实验动物机构都很重视实验动物健康监测程序的建设，欧洲实验动物科学协会联合会（Federation of European Laboratory Animal Science Associations，FELASA）提出了对实验动物健康监测的严格要求。近年来，国内哨兵动物的应用也开始逐渐起步，一些大型实验动物生产机构的动物设施内已开始设置哨兵动物，但目前大部分实验动物生产、使用单位还没有采用哨兵动物的监测方式，哨兵动物在实验动物设施中的应用仍处于起步阶段。

许多国家已经将哨兵动物系统纳入实验动物管理中，利用哨兵动物监测实验动物健康已成为控制实验动物质量的重要手段。但是，目前针对哨兵动物并没有可实行的统一国际或国内标准，主要是根据实验的需要来设置和使用。总体上，实验动物设施中哨兵动物的选择应遵循四个基本原则：一，必须无菌或不携带有待监测的特定病原以及抗体；二，如果哨兵动物和被监测动物来自不同的繁殖群，则需要选择已知微生物状态的动物作为哨兵动物；三，尽可能选择与被监测动物群品系相同的动物作为哨兵动物，但根据监测目的不同可选择不同的品系；四，要选用免疫反应正常的适龄动物，必须能反映出被监测动物的健康状况，一般选用 4 ～ 8 周龄的鼠。此外，哨兵动物进场之前必须隔离观察和检测，这样有助于减少经哨兵动物传入的病原，这对免疫缺陷动物尤其重要。为减少动物间的打斗，尤其是雄性动物为争夺资源的打斗行为，接触式哨兵动物一般选用雌性动物，较容易与被监测动物群相容。

哨兵动物与被监测动物的接触方式分为间接接触和直接接触。间接接触常用于监测经排泄物传播的疾病，被监测动物数量较多，也用于监测设备或运输材料是否带有病原。间接接触法中最常用的是旧垫料法，即每次换垫料时至少有 50% 的垫料是从被监测笼盒内取出的旧垫料。直接接触将哨兵动物直接放入被监测动物群中，可以在小范围内有效地检出一些经气溶胶或排泄、分泌物传播的病原，最适合用于小群体的健康监测，也适用于一些经由笼具或交叉感染引起的传染病。为保证运输期间实验动物的健康状况，实验动物在运输过程中也可设置哨兵动物。在整个运输过程中，空气对实验动物的健康影响较大，哨兵动物与被监测动物使用同样的运输包装，放置在一起，抵达目的地后，取出哨兵动物检测是否被感染，可以判断运输过程是否安全。

哨兵动物的设置既非一成不变，也非单独存在，根据科学研究的需要和自身实际条件，建立符合要求的健康监测方案，形成规范有效的哨兵动物系统，是发挥哨兵动物功能的关键。哨兵动物的选用主要依实验需要而定，不同地区的实验动物管理组织对该区域内的哨兵动物使用有一定的建议和参考，具体的设置和管理要根据不同的目的有所不同。当然，对哨兵动物的健康监测只是对环境、设施、疾病等的一种监控检查，并不能预防疾病的发生。研究机构应重视对动物健康问题的预防，只有在对动物来源、屏障内的设施、人流、物流、动物流等进行严格管理的情况下，动物发生疾病的概率才会有效降低，实验动物的质量才能够真正提高，实验动物的健康和福利才能够得到切实维护。

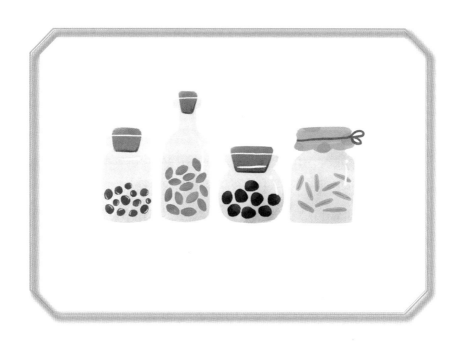

卜　算　子

动物来源乱，实验难靠谱。

规范标准要抓手，种子资源库。

引进新品种，收集全区域。

自主开发增资源，更把特色塑。

种子中心

第 **8** 节

种子是生命的根基，其对人类的重要性用任何词语来形容都不会过分。古今中外，人类的历史文化长河中始终流淌着有关种子的神话故事、民间传说和文学作品。比如 2014 年英国爱丁堡大学进化生态学教授乔纳森·西尔弗顿（Jonathan Silvertown）撰写的《种子的故事》（*An Orchard Invisible A Natural History of Seeds*），讲述了自然进化史上关于种子演化的复杂过程。

植物种子储备了一棵植物幼苗的最初食物，也就是根、芽、叶最初生长所需的一切营养，它们中蕴含着"强大的能量"。苏辙在《十月二十九日雪四首》中写道："珍重老卢留种子，养生不复问王江。"元代方回在《园感》中写道："树倚根株在，花凭种子传。"梭罗（Henry David Thoreau）曾经说过："我对种子有莫大的信仰。若让我相信你有颗种子，我就要期待生命显现奇迹。"夏衍赞叹植物的种子是世界上力气最大的，他在《野草》中写道："如果不落在肥土中而落在瓦砾中，有生命的种子决不会悲观、叹气，它相信有了阻力才有磨炼。"美国作家索尔·汉森（Thor Hanson）在《种子的胜利》（*The Triumph of Seeds*）一书中对种子做过这样的比喻："种子是一个带着午餐藏在一个盒子里的植物婴儿。"有了种子，植物才能传播繁殖、融合进化；有了种子，人类才有了播种的期望和收获的喜悦。种子是真正意义上的生命支柱，也是全人类赖以生存的重要基石。

上面所说的种子大多是指植物的种子，但对于实验动物来说，其"种子"的选育、生产等技术，直接影响科学

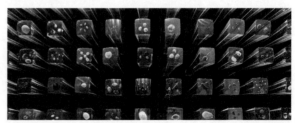

实验的质量和水平。自 19 世纪开始培育不同毛色的小鼠以来，科学家不断积累实验动物的物种和品系，目前全球实验动物已扩展到线虫、果蝇、蟾蜍、鱼、小鼠、大鼠、豚鼠、兔、犬、猪、猴等不同进化地位的物种。在大小鼠等常用物种中，已培育出了 3000 余种不同生理特点的品系。随着基因修饰技术的出现和不断发展，转基因、基因敲除大小鼠品系已经超过 20000 个，基因修饰兔、猪、犬、猴等也相继出现，成为开展生命科学研究、疾病机制研究、药物评价等不可或缺的研究资源。

为加强实验动物质量标准化、规范化管理，科学维持和管理中国实验动物资源，科技部于 1998 年制定了《国家实验动物种子中心管理办法》（国科发财字〔1998〕174 号），明确指出要根据国家科学技术发展的需要，由科技部统一协调，择优建立各品种的国家实验动物种子中心。国家实验动物种子中心的主要任务有引进、收集、保存实验动物品种品系，研究实验动物保种新技术，培育实验动物新品种、新品系，为国内外用户提供标准的实验动物种子四个方面。根据该办法，建立的国家实验动物种子中心必须具备长期从事实验动物保种工作所需要的、较强的实验动物研究技术力量和基础条件，有合格的实验动物繁育设施和检测仪器，有突出的实验动物保种技术和研究成果等四个基本条件。根据实验动物许可证管理的相关规定，申请实验动物生产单位许可时，必须提供国家实验动物种子中心或国家认可的保种单位、种源单位的引种证明。为落实任务，科技部又先后制定和发布了《国家啮齿类实验动物种子中心引种、供种实施细则》等文件。

目前，中国已经建立了 8 个国家级实验动物种子资源中心，包括国家啮齿类实验动物种子中心北京中心（中国食品药品检定研究院）、国家啮齿类实验动物种子中心上海分中心（中科院上海生命科学研究院）、国家遗传工程小鼠资源库（南京大学）、国家禽类实验动物种子中心（农业部哈尔滨兽医研究所）、国家兔类实验动物种子中心（中科院上海生命科学研究院）、国家犬类实验动物种子中心（广州医药研究总院有限公司）、国家非人灵长类实验动物种子中心苏州分中心（苏州西山中科实验动物有限公司）和国家实验动物数据资源中心（广东省实验动物监测所）。

种子中心（资源库）和数据资源中心的建立是国家将实验动物作为科技发

展不可或缺的战略性生物资源并推动其持续发展的重大举措，对构建支撑中国科技创新的自然科技资源平台具有前瞻性和战略性意义。经过 20 多年的努力，8 个国家实验动物种子中心在资源收集与整合、资源创制与增量、资源保存技术研究与

应用、资源标准化与共享服务等方面取得了长足进步。8 个国家实验动物种子中心（资源库）作为一个整体，形成了国家实验动物种子资源保存网络与共享服务平台，在注重新的实验动物品种、品系研发和动物模型创制、不断强化管理的基础上，通过国外引进、国内收集、自主开发等方式，使得保存的实验动物资源已达到一定的体量。截至 2018 年底，可供用户查询的实验动物资源数据和信息有 16 大类、209 个品种品系，共有 41755 组实验动物数据、293 张图片和 1236 张图谱，为提升中国实验动物资源整体水平、发挥实验动物资源对科技创新发展的支撑作用提供了有力的资源保障和技术保障，在为生命科学和生物技术发展提供源头支撑等方面发挥了重要作用。

"苔花如米小，也学牡丹开。"增加资源总量是实验动物科技发展的核心任务，是实验动物对生命科学研究提供支撑和服务的基础和保障。随着国家科技创新发展对实验动物工作要求的不断提高，实验动物种子中心的任务也越来越重。只有不断扩大实验动物资源的种类和数量，不断提升技术服务水平，才能真正发挥实验动物资源的作用，为国家科技创新发展提供资源保障和技术支撑。

第三章

替难者名录

 颂 鼠

入诗入戏入名著，

动漫游戏上画图。

十二生肖本替补，

动物实验成砥柱。

九九骨骼人相同，

基因模型多敲除。

喜憎本可因人异，

科研使用悉心护。

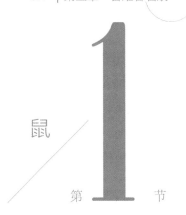

鼠／**1**

第　1　节

在浩瀚的诗海中，从不缺少关于"鼠"的诗句，比如先秦的《魏风·硕鼠》，唐代曹邺的《官仓鼠》，杜甫的"鸱鸟鸣黄桑，野鼠拱乱穴"，柳宗元的"草中狸鼠足为患，一夕十顾惊且伤"，陆游的"贾勇遂能空鼠穴，策勋何止履胡肠"，明代王世贞的"傍山兔三穴，入地鼠千仓"，清代查慎行的"霜压啼乌惊月上，夜骄饥鼠阚灯明"等等，老鼠的形象常在文学作品中出现，有情爱的也有憎恨的，比如《西游记》第81～83回写无底洞的老鼠精逼唐僧成亲是鼠婚故事的发展，《聊斋志异》中的"阿纤"篇是写的人鼠相恋生动传神。考古发现，人类还没出现以前，老鼠就已经在地球上生活了4700多万年，可以说老鼠是久远的活化石。

鼠，名列十二生肖之首，是中国人民日常生活中接触最为紧密的动物之一。在中国上下五千年的历史文化长河中，鼠文化源远流长。在中国第一部诗歌总集《诗经》里有"相鼠有皮，人而无仪！人而无仪，不死何为"的诗句。自《诗经》以后，咏鼠的诗篇层出不穷。能够入诗的鼠的品种很多，比如"田鼠""山鼠""林鼠""涧鼠""沙鼠""栗鼠"等。

《说文》认为，"鼠，穴虫之总名也"，代表具有无比灵性、聪慧神秘的小生灵。汉族《十二属的传说》称，鼠有打开天地、化生万物的神通；彝族神话《葫芦里出来的人》称，人类起源于葫芦，而葫芦原是密封的，是鼠在葫芦上咬开一个洞，人类才得以出世；土家族绣的织锦《老鼠嫁女》图，寄寓着土家族人们希望通过接触巫术和模拟巫术来取得像老鼠一样的繁殖效果，多孙多福。此外，关于鼠的戏曲、民俗、谚语、歌谣、成语、歇后语、动画等灿若星辰，俯首可拾。古今画家很少喜欢画鼠，但国画大师齐白石笔下的老鼠却气韵生动、形神兼备。他所画的《老鼠与油灯火》构图简洁凝练、形象鲜明，油芯上的火焰似被微风吹拂，油灯脚下的老鼠形简意足，画尽了老鼠机敏伶俐的特点。

其实，凡是啮齿动物都可被称为鼠，它广布于全世界，适应多种多样的生活方式，有地栖的、树栖的、半水栖和地下生活的，有善于跳跃的、奔跑的、攀援的、滑翔的、游泳的、挖掘的。啮齿动物的基本特征是一致的，都具有二上二下四个门齿，无犬齿。狭义上的鼠主要指仓鼠科和鼠科的各属种群，它们的共同特征是体型小、被毛灰色、吻光、眼小、尾裸而具鳞片。世界上最大的鼠是美洲的负鼠，体躯如猫；最小的鼠是俄罗斯巴尔喀什湖地区的跳鼠，大小如顶针；寿命最长的是土拨鼠，寿命在 15～20 年。世界上数量最多的鼠是褐家鼠，约占全球鼠类的三分之一，最少的鼠是牙买加的胡蒂亚鼠，现只有一对保存在托育园。鼠的生育能力很强，一只母鼠一年可以生育 200 只左右，至于"孙子辈""曾孙辈"已多到无法计算。目前，全世界老鼠约有 200 亿只，是地球人口的 3 倍多。

在社会普遍认知中，老鼠一方面代表着地下世界里的肮脏形象，但另一方面，它也被视为独立的思考者与灵活的行动者。此外，作为一种聪明的物种，老鼠常被用于心理和药理上的各种实验。据美国《自然》报道，人类和老鼠的祖先源自一种生活在 1 亿多年前的小型哺乳类动物。科学研究发现，老鼠和人类 99% 的骨骼结构相同，在生理上老鼠和人类的骨细胞也有很多的共同之处；在基因密码链的长度方面，老鼠与人类也相差无几，老鼠的核苷酸为 25 亿对，略少于人类的 29 亿对，80% 的人类基因与老鼠完全相同，99% 的人类基因与老鼠非常相似。这些指标，是在外形上与人类更为接近的猴子都达不到的。

正是基于上述原因，科学家普遍借助老鼠从事对人类疾病的研究工作。美国俄亥俄州大学的生物化学家曾培育出了一种体型超大、生命力极强的老鼠。这种老鼠刚一出生就特别的活跃，即使是在不吃不喝的情况下，也能够连续不停歇地跑上 5～6 个小时，而且速度很快。原来，科学家在老鼠的胚胎中注入了专门负责产生一种蛋白质的高活性基因，这使得这种蛋白质在肌肉中的含量比一般老鼠高上百倍。与人类一样，鼠也会用面部表情表示自己感受不适。感到痛苦时，它们的眼睛眯起，双颊鼓起，双耳向后，胡须聚成一团或者竖起来。在注射镇痛剂之后，这些表情全部消失，又恢复到正常状态。实验动物中的鼠除了常用的大小鼠、仓鼠、田鼠外，还有很多其他的品种被用来进行科学实验，为生命科学研究和人类的健康做出了巨大的贡献和牺牲。

《小老鼠上灯台》

实验动物版

小老鼠，上灯台，

偷油吃，下不来。

喵喵喵，猫来了。

叽里咕噜滚下来。

小白鼠，真可爱，

经常上，手术台。

爱生命，爱科学。

小朋友们要关怀。

1. 小鼠

"小老鼠"是快乐童年的一道靓丽风景，童谣《小老鼠上灯台》历史悠久、流传广泛，关于小老鼠的故事是妈妈睡前最爱给孩子们讲的。童话大王郑渊洁笔下最著名的童话形象舒克和贝塔，这两只小老鼠的冒险故事，伴随了几代人的成长；英国作家露西·卡曾斯（Lucy Cousins）的作品《小鼠波波系列》（*Maisy Mouse Series*），用 29 种语言在全球 60 多个国家出版，总销量超过 2100 万册，风靡全世界。

小鼠，又称小白鼠，由小家鼠演变而来，广泛分布于世界各地。小鼠因为身材娇小，最早被达官贵人当作宠物饲养。1644 年，英国科学家罗伯特·虎克（Robert Hooke）首次用小鼠做空气压力增加实验，开创了小鼠用于动物科学实验的先河。但是，直到20 世纪初小鼠才被广泛应用于遗传学、发育生物学和肿瘤学等领域的研究。1900 年，尘封 30 多年的孟德尔遗传定律几乎同时被荷兰的狄·弗里斯（de Vries）、奥地利的柴马克（Tschermak）和德国的科伦斯（Correns）重新发现，使得生命科学家们纷纷开始在不同物种中验证孟德尔遗传定律，小鼠作为哺乳动物一员"当仁不让"地成为被研究对象之一。美国著名遗传学家卡斯尔对老鼠的毛色进行遗传学实验观察，检测孟德尔遗传定律的正确性，开创了利用小鼠开展遗传学研究的先河。为了避免遗传背景差异对实验结果造成影响，1907年，卡斯尔的学生利特尔，用近亲繁殖的方法繁殖了近 20 代小鼠，获得了等位基因纯合、遗传背景相似的近交系小鼠。1909 年，利特尔培育出了第一个近亲繁殖的小鼠株系（近交系小鼠）——DBA（Dilute Brown non-Agouti）。小鼠 DBA 株系被公认为第一个现代实验小鼠株系，至此真正的实验小鼠诞生了。1911 年，利特尔又培育出了 C57BL 小鼠，这是迄今应用最广泛的近交系小鼠之一，2002 年第一个小鼠基因组测序计划就是在 C57BL 小鼠上完成的。利特尔开创的近交系小鼠的工作标志着实验小鼠正式登上科学研究的舞台，人们在

肿瘤、器官移植、免疫学、神经生物学等学科的大量研究结果和认识都是从近交系小鼠中获得的。为此，英国遗传学家汉斯·格鲁内贝格（Hans Gruneberg）曾说过，近交系小鼠进入生物学的意义如同是分析天平进入化学。目前，世界上已建立的近交系品系有近千种之多，常用的近交系小鼠也有 50 个品系，所有这些近交系小鼠的起源与特征都可以在小鼠基因组信息学（Mouse Genome Informatics，MGI）数据库中找到。

中国开展小鼠类的实验动物工作是从齐长庆 1918 年在原北平中央防疫处饲养小鼠开始的。1919 年，谢恩增利用小鼠对肺炎球菌进行研究。1944 年，汤飞凡从印度哈夫金（Haffkine）研究所引进 Swiss 小鼠（NIH Swiss），饲养在昆明的中央防疫处，对其进行了成功的培育繁衍并获得广泛的使用。由于该小鼠的最初引入地是昆明，故称之为昆明小鼠，这就是昆明小鼠品系名称的由来。随后，中国自主培育了一些实验动物新品系。1985 年，国际小鼠遗传命名委员会正式确认中国医学科学院输血及血液学研究所培育出的 615 小鼠可作为国际通用实验动物标准的近交系

小鼠。615 小鼠由 C57BL 品系小鼠与昆明品系杂交，通过二十代兄妹近亲交配培育而来，对于白血病研究的效果比较好。在 615 小鼠的基础上中国又培育出几个品系小鼠供白血病研究使用，如 L7212、LS783、RS615、AL771、L6565 和津 638 等品系。天津医学院培育出的自发瘤高癌系津白－Ⅱ小鼠、低癌系津白－Ⅰ小鼠等也都已在中国广泛应用。2001 年 12 月，在国家"十五"科技攻关重点项目的支持下，南京大学启动建设"国家遗传工程小鼠资源库"，这是国家科技部唯一认证的国家级遗传工程小鼠种子中心。

由于饲养管理方便、易于控制、生产繁殖快，小鼠已成为目前应用最广泛、研究最详尽的实验动物，有着大量具有不同特点的近交系、突变系和封闭群，

已形成多种国际公认的标准品系。作为实验动物中的最为炙手可热的一员，小鼠在人们认识生命现象、了解相应机理的过程中发挥了无可替代的作用，在基础医学研究领域内更是拥有无与伦比的地位。2001 年 2 月，一只浑身无毛的小白鼠在北京引起轰动，与众不同的是，这只小白鼠的背上竟长着一只几乎与身子一般大小的"人耳"。这只老鼠背上的"人耳"，展示的是中国"863"

计划的一项科研成果，它是由上海市第九人民医院副院长、整复外科主任曹谊林教授利用组织工程技术复制出来的。

由于小白鼠广泛应用于各类科学研究，在生活中人们往往也将那些被动参与实验的不知情者和牺牲品称为"小白鼠"。其中较为著名的有 1920 年由约翰·布罗德斯·华生（John Broadus Watson）和

他的助手罗莎莉·雷纳（Rosalie Rayner）在约翰霍普金斯大学进行的小艾伯特实验，和曼哈顿儿童发育研究中心管理者彼得·贝拉·纽鲍尔（Peter Bela Neubauer）博士为研究基因和环境哪一个对人的影响更大而主导的对出生即被分开收养的 3 胞胎兄弟的系列实验。现在，这类实验因为违反学术道德和科研伦理被严格禁止。

在中美贸易战、科技战如火如荼的大背景下，中美之间也曾爆发了"小鼠之争"。2017 年 4 月，因为南京大学方面研发的 NCG 小鼠开始在美国销售，和美国杰克逊实验室 NSG 小鼠竞争市场，引发了美国杰克逊实验室与南京大学之间的一场关于实验小鼠专利权的法律大战。在这场法律大战中，南京大学直接公开回应："绝大多数中国企业不是小偷，中国高速发展也不是通过侵权而得来的。"据悉，双方已于 2019 年 1 月 30 日正式达成和解。

颂 大 鼠

名猥人不宠,

万年仍从容。

遍布五大洲,

南极却成冢。

基因突生变,

纯为科研种。

不怕牺牲重,

无胆更英雄。

2. 大鼠

　　清代文学家、小说家蒲松龄在其志怪短篇小说集《聊斋志异》中有一篇《大鼠》的小说。说的是明朝万历年间，皇宫中有只大老鼠和猫一样大，危害很严重。朝廷向民间征集了很多好猫来捕大老鼠，结果都被大老鼠吃掉了。后来，用从外国进贡的一只狮子猫来对付大老鼠，刚开始狮子猫也上上下下躲避大老鼠，等到大老鼠疲惫松懈时，见机突然猛扑而下，咬死了大老鼠。蒲松龄通过这个寓言，讲述了宁斗智不斗力的道理。

　　自然界中的大鼠主要是褐家鼠，因其种本名 norvegicus 指"挪威的"，有时被称为"挪威鼠"（Norway Rat）。事实上，褐家鼠最初的自然分布被认为仅局限在西伯利亚东南部、蒙古和中国北方，是不折不扣的亚洲动物。褐家鼠从亚洲到了欧洲，又从北欧到了英国，目前已扩散至除南极洲以外的所有大陆，成为除了人以外地球上分布最广泛的哺乳动物。中国新疆深处亚洲大陆腹地，气候干旱，过去并没有褐家鼠，但随着交通基础设施的不断发展和改善，也逐渐出现了它们的身影。中国科研人员从 1958 年 8 月开始进行有针对性的鼠类监测，1974 年 9 月 24 日，研究人员在西藏林芝地区新八一镇捕获到 3 只褐家鼠，推测是经川藏公路运输从四川方向侵入的；1975 年 4 月上旬在北京开往乌鲁木齐的 69/70 次旅客列车上首次记录到了褐家鼠；1977 年，在吐鲁番存放内地调进粮食的转运站内也发现了褐家鼠。

　　大鼠似小鼠但体型较大，性情较凶猛，抗病力强。白化型大鼠在生物医学研究中占据着重要的地位，它是由野生褐家鼠和黑家鼠经驯化后所获得的变种，一般认为它起源于亚洲的温暖地区，大约在 18 世纪传到欧洲，在 1728 ～ 1730 年到达英国，在 1775 年到达美国。一开始，大鼠在欧洲作为一种观赏动物在家庭中驯养，大约在 1850 年前后，大鼠首先被用作营养学实验，1856 年科学家首次报告了用大鼠做肾上腺切除术的实验观察。

　　18 世纪的欧洲流行过一种利用猎犬捕捉围场里褐家鼠的博彩活动，除了直接捕捉之外，为这项活动专门繁育褐家鼠的生意也应运而生。在此过程中，人们逐渐选育出了白化的褐家鼠，随后这些相较于野生个体更为温驯的白化鼠被作为研究对象引入到实验室中。1828年，科学家第一次使用大白鼠进行了"饥饿实验"。19世纪中期，有些科学家采用大鼠进行了营养和内分泌方面的研究。1866年，格雷戈尔·约翰·孟德尔（Gregor Johann Mendel）发表了孟德尔遗传定律，之后在1877～1885年间，雨果·克朗佩（Hugo Crampe）使用15000只不同毛色的大鼠进行了毛色基因遗传研究，证实了孟德尔遗传定律的正确性。大白鼠是历史上第一种为了纯科研目的而驯化繁育的野生动物，为人类科学事业的发展和进步做出了重要贡献。

常用大鼠的封闭群有Wistar和Sprague Dawley（SD）两种。1907年，Wistar大鼠由美国Wistar研究所育成，中国从日本、苏联引进，是中国引进最早的大鼠品种。1925年，美国Sprague Dawley农场用Wistar大鼠培育出SD大鼠，其常用作营养学、内分泌学和毒理学研究。随着生物医学研究的需要，全世界已培育出100多个近交品系，常用的大鼠近交品系有十几个，如ACI、BVF、F344、PA、M520、WAB、WAC、WKA、SD、RF等。常用的非近交的纯种大鼠有7种，其中以Wistar大鼠用得最多，中国医药研究中应用也比较广泛，此种大鼠色白，相当于小鼠的瑞士（Swiss）种。此外，Sherman大鼠、Oshorne-Mendel大鼠、Long Evans大鼠、August大鼠、SHR大鼠等大鼠也较常用。

大鼠在生物医学中主要应用在以下几个方面。一，药物学研究，大鼠的血压反应比家兔好，常用它来直接描记血压，进行降压药物的研究。大鼠血压及血管阻力对药物反应敏感，常用来灌流大鼠肢体血管或离体心脏，进行心血管药理学研究及筛选有关新药。二，肿瘤研究，在肿瘤研究中常常使用大鼠，可使用生物、化学的方法诱发大鼠肿瘤，或进行人工肿瘤移

植、体外组织肿瘤培养等方面的研究。三，营养和代谢研究，大鼠是营养和代谢研究的重要材料，可用于维生素、蛋白质、氨基酸、钙、磷等代谢研究。动脉粥样硬化、淀粉样变性、酒精中毒、十二指肠溃疡、营养不良等方面的研究

都可以使用大鼠。四，神经和内分泌研究，大鼠的神经系统与人类相似，被广泛用于高级神经活动的研究，如奖励和惩罚实验、迷宫实验、饮酒实验以及神经官能症、狂郁神经病、精神发育阻滞的研究。大鼠的垂体－肾上腺系统功能发达，常用作应激反应和肾上腺、垂体、卵巢等的内分泌实验研究。五，卫生学研究，大鼠被用于环境污染对人体健康造成危害的研究，如空气污染对人体的损害、重金属污染对健康的损害等，职业病如尘肺、有害气体慢性中毒和放射性照射等。六，老年学和老年医学研究，近几年常用老龄大鼠（日龄一年以上）探索延缓衰老的方法，研究饮食方式和寿命的关系、老龄死亡的原因等。七，计划生育研究，大鼠体型比小鼠大，适宜做输卵管结扎、卵巢切除、生殖器官的损伤修复等实验。

科学家将人类、小鼠和大鼠肠道微生物参考基因集进行了比较分析，发现大鼠肠道基因集与人肠道基因集的共有基因占比（2.47%）高于小鼠肠道与人肠道基因集的共有基因占比（1.19%），同时 93.65% 的人肠道菌群 KOs 能够在大鼠肠道菌群中发现，同样高于小鼠肠道菌群的 80.03%，是肠道菌群与疾病研究的理想动物模型。

胆囊是大多数哺乳动物的重要器官，具有浓缩和储存胆汁的作用。生活中

人们常用胆小如鼠来形容胆子小、不自信的人。对大鼠来说，根本不是胆大胆小的问题了，大鼠根本就没有胆囊。大鼠无胆囊（马、驴、象、鹿、鸽也无胆囊），其肝脏分泌的胆汁经胆总管直接进入十二指肠，因此从其胆总管收集胆汁流量最能反映肝脏分泌胆汁的能力，不受胆囊储存胆汁的干扰，特别适合进行消化功能的研究。

清平乐

鼠界奇兵，中国独有品。

攻克出血热流行，科技一等奖金。

囤积不歇天性，音频敏感人近。

不可学其奔忙，活在当下最硬。

3. 长爪沙鼠

沙鼠很早就为人们所熟知，唐诗中不乏关于沙鼠的诗句。刘禹锡在《蛮子歌》中写道："熏狸掘沙鼠，时节祠盘瓠。"贯休在《塞上曲》中写道："蒲萄酒白雕腊红，苜蓿根甜沙鼠出。"李益在《登夏州城观送行人赋得六州胡儿歌》中写道："六州胡儿六蕃语，十岁骑羊逐沙鼠。"长爪沙鼠是一种小型草原动物，又称长爪沙土鼠、蒙古沙鼠（黑爪蒙古沙土鼠）、黄耗子、砂耗子等。中国东北、内蒙古以及毗邻蒙古和俄罗斯的贝加尔地区的荒漠草原地带是长爪沙鼠的主要分布地区。长爪沙鼠体型介于大鼠、小鼠之间，毛色金黄，外形与子午沙鼠很相似，喜欢探索周围环境，常用后肢站立，抬高头部用来观察周围情况，非常有灵性，被列入世界自然保护联盟（International Union for Conservation of Nature，IUCN）2013 年《濒危物种红色名录》（*IUCN Red List of Threatened Species*）和《国家保护的有益的或者有重要经济、科学研究价值的陆生野生动物名录》。长爪沙鼠不冬眠，四季活动，喜欢囤积一定食物，性情比较温顺，行动非常敏捷，有一定的攀跃能力，尾巴长满被毛并常在尾尖部集中成毛簇，与大小鼠几乎无毛的尾巴有着明显不同。

长爪沙鼠源自中国，从野生到驯养再到实验动物化迄今已有 70 多年的历史。目前，世界上用于研究的沙鼠均来自同一沙鼠群，1935 年日本大连卫生所春日博士（C. Kasuga）在东北捕获 20 对沙鼠进行驯化饲养，后于 1945 年带回国，在日本实验动物中央研究所驯养，1954 年由维克多·施文特克（Victor Schwentker）博士引入美国，之后传到欧洲各国。与大鼠、小鼠相比，长爪沙鼠的研究与应用时间还不长，仍属正在开发中的实验动物。

虽然长爪沙鼠是中国特有的野生动物，但中国在实验用沙鼠种群、品系的培育方面却处于日本、美国等发达国家之后。中国的沙鼠种群是由大连医科大学、首都医科大学、浙江省实验动物中心从野外捕获长爪沙鼠，通过实验动物化和种群培育等研究工作而获得。目前，中国科研工作者们已成功培育了多个长爪沙鼠疾病模型种群，如浙江省实验动物中心成功建立的 SPF 级长爪沙鼠种群、长爪沙鼠非酒精性脂肪肝模型近交系；首都医科大学培育了长爪沙鼠脑缺血高发封闭群、长爪沙鼠脑缺血模型近交系、长爪沙鼠糖尿病模型近交系等多个新的品系。这些长爪沙鼠疾病模型群体的成功培育改变了中国没有长爪沙鼠模型品系的状况，为相关疾病的发生机制、敏感药物筛选等诸多研究提供了新材料和新思路。在长爪沙鼠实验动物标准方面，中国科研人员分别对建立长爪沙鼠不同级别动物的遗传、微生物、营养检测方法和制定标准进行了连续多年的研究，已发布 7 项长爪沙鼠浙江省实验动物地方标准，完成了 6 项北京市地方标准报批稿、6 项团体标准公布。目前，浙江省医学科学院、大连医科大学两家单位依法获得了沙鼠的生产许可证，北京、重庆、辽宁、浙江、安徽等省市颁发了 9 份沙鼠的使用许可证。

长爪沙鼠因具有许多与人类相似的独特生物学特征，已被广泛应用于微生物和寄生虫感染性疾病、肿瘤、糖尿病、脑缺血等多种疾病的研究中，是最适合研究李氏杆菌病的小动物模型，是目前发现的唯一能单独长期罹患幽门螺杆菌引起胃炎和胃癌的啮齿类动物，还是研究衰老、刺激等因素对哺乳动物听觉中枢系统影响的理想模型，更是唯一能产生自发性耳胆脂瘤的非人动物，是一种"多功能"的珍贵实验动物资源。

研究表明，长爪沙鼠对周期型马来丝虫的感染率可达 74%，并且与人自然状态感染非常相似。除了丝虫外，长爪沙鼠还易感染阿米巴虫、贾第虫、绦虫、包虫、吸虫、类圆线虫、血矛线虫等。长爪沙鼠对汉坦病毒（流行性出血热病毒）也十分敏感，特别是长爪沙鼠的肾胚细胞具有对汉坦病毒敏感性高、适应毒株多、病毒繁殖快、病毒易于分离等特点，是疫苗生产的理想材料。浙

江省疾病预防控制中心利用长爪沙鼠肾胚细胞发明了首例野鼠型流行性出血热疫苗，获 1997 年国家科技进步一等奖，对中国预防流行性出血热发挥了重要作用。长爪沙鼠在人类敏感的音频波段内敏感阈值与人类最为接近，这种敏感性远远高于大小鼠，这一特性使得长爪沙鼠

在听力研究方面具有更大的应用前景。一夫一妻制的长爪沙鼠表现出高水平的父爱行为，是研究激素对父爱行为调节的理想模型。如果把新生长爪沙鼠反复与其母亲和同胞分离，长爪沙鼠会产生近似于人类抑郁情感的一些特征。长爪沙鼠群体中自发性癫痫的发病率较高，且具有类似人类自发性癫痫发作的特点，是公认的遗传性癫痫模

型。与大鼠相比，长爪沙鼠表现出更多的焦虑样行为、更多的主动探索行为和对疼痛的敏感性，同时也具有更多的社交行为，对这些测试也更为敏感，在相关问题中使用较多。

　　出于一种本能的担心，沙鼠要干大于实际需求几倍甚至几十倍的事。就像现代人一样，往往因为所谓的"明天"和"后天"而深深不安。作家王敬军在《老年人》发表过散文《沙鼠的焦虑》；诗人丁碧君曾用沙鼠比喻难以忘却的往事，她在《沙漠的坚守》一诗中写道："往事却如拼命奔跑的沙鼠，精疲力竭也不敢稍稍驻足。"沙鼠的焦虑，是有其遗传基因的，无法改变，而人类是可以自我调节的，希望大家都不再焦虑，都能幸福地"活在当下"。

日本血吸虫，华佗无奈何。

千年为患多，人民苦难重。

中华有奇鼠，天然抗性种。

齐心送瘟神，也曾立奇功。

4. 东方田鼠

"硕鼠硕鼠，无食我黍"，这是千年以前，古圣先贤流传给后世经典《诗经》中《国风·魏风·硕鼠》的名句，反映了劳动者对贪得无厌剥削者的痛恨以及对美好生活的向往。那么"硕鼠"究竟是什么品种的老鼠？依据《尔雅》里的解释，硕鼠指的是田鼠。唐诗宋词中关于田鼠的诗句还是有不少的，例如唐代卢纶的"田鼠依林上，池鱼戏草间"、高适的"野食掘田鼠，晡餐兼膜蠪"，宋代元好问的"放教田鼠大于兔，任使飞蝗半天黑"、明代刘崧的"田鼠引群穿井出，山鸡求食傍檐飞"。在现代中外文学作品中，田鼠的出镜率也很高。美国作家李欧·李奥尼（Leo Lionni）创作的绘本《田鼠阿佛》（Frédéric）就是探讨"生活的苟且与诗和远方"的儿童故事书，通过故事告诉孩子们要"懂得肯定自己，做最好的自己"。天津作家付晓峰创作的短篇小说《田鼠上吊》，表达了作者对一个苦难时代的反思。《喜鹊和田鼠》《田鼠进城》《田鼠探险记》等也深受读者欢迎。

田鼠属于仓鼠科，与其他鼠科动物相比，田鼠体型较结实，尾巴较短，眼睛和耳也比其他鼠科动物小。田鼠多为地栖种类，它们挖掘地下通道或在倒木、树根、岩石下的缝隙中做窝，可在多种环境中生活。有的白天活动，有的夜间活动，也有的昼夜活动。

东方田鼠是田鼠中体型较大的种类，别称沼泽田鼠、远东田鼠、大田鼠、苇田鼠、水耗子、长江田鼠、豆杵子，是典型的穴居动物，多栖息于低湿多水的环境，自然条件下集中于沼泽草甸、河渠两岸，在沿海地区多栖息于湖周草甸、河边苇塘等地。东方田鼠以植物为主食，偶尔也吃昆虫和小型鼠类。东方田鼠天敌有中小型食肉兽类，如黑耳鸢、白尾鹞、红隼和蛇类等。东方田鼠已列入世界自然保护联盟 2008 年《濒危物种红色名录》。

说起血吸虫病，1980 年后出生的中国人或许不太了解，但在漫长的历史中，血吸虫病却是瘟神一样令人谈之色变。血吸虫病是由裂体吸虫属血吸虫引起的一种慢性寄生虫病，是一种严重危害人民健康和影响社会经济发展的传染病，分曼森氏裂体吸虫和日本裂体吸虫两类，主要流行于亚、非、拉美的 76 个国家，患病人数约 2 亿。血吸虫病人兽共患，危害严重，是中国最重要的公共卫生问题之一，与艾滋病、肺结核、病毒性肝炎一起被列为优先防治的重大传染病。目前，该病的防治技术单一，没有预防疫苗等长效方法。近代考古研究发现，其实血吸虫病在中国存在了 2000 年以上，就像瘟神一样威胁着农村广大劳动人民的生存。儿童被传染血吸虫病后，会影响发育甚至成为侏儒；妇女被感染后，多数不能生育；青壮年感染后，可能会丧失劳动力甚至死亡。尽管中国传统医学对其进行了一定的研究和探索，但受到科学技术水平的限制，对该病的病因、发病机理、治疗方法和与其他疾病的鉴别缺乏系统的研究，仅在中医学的书籍里对血吸虫病的症状有一定的记载。直到 1905 年，常德广德医院的美籍医师洛根（O. T. Logan）在一名 18 岁农民的粪便中检出日本血吸虫卵，并将病例有关情况在专业杂志上发表，血吸虫病才逐步为我国现代医务工作者所认识。

新中国成立后不久，毛泽东同志发出了"一定要消灭血吸虫病"的伟大号召，领导人民在全国范围内打响了"全党动员，全民动员，消灭血吸虫病"的"人民战争"，三年就基本消灭了这个千年级别的"瘟神"。1958 年 10 月 3 日，当毛泽东听到江西余江消灭血吸虫病的消息时激动万分，彻夜难眠，欣然写下了《七律二首·送瘟神》并发表在《人民日报》上，思想深刻的诗句意气豪迈，对中国血吸虫病的防治工作起到了极大的鼓舞和推动作用，也鼓励着一代又一代科研工作者在血吸虫病的诊断和治疗、药物研究等方面不断攻坚克难，取得一个又一个创新成果。

早在 20 世纪 60 年代，中国学者观察到东方田鼠对日本血吸虫具有天然的抗感染性。血吸虫感染东方田鼠后，虫体发育迟缓，大部分虫体在感染后 21 天以内死亡，不能发育成熟。对日本血吸虫具有天然抗感染性是东方田鼠成为实验动物最重要的原因之一，东方田鼠是迄今为止被发现的唯一一种感染日本血吸虫后不致病的哺乳动物。利用东方田鼠模型有可能筛选到血吸虫病抗性基因或有潜力的疫苗候选抗原分子，为血吸虫病防控技术研究提供新途径。"九五计划"以来，以中南大学为主的科研团队从生态学、动物学、病理学、遗传学、免疫学、分子生物学等方面进行了系列研究，进一步证实了东方田鼠的抗日本血吸虫病生物学特征，探讨了抗日本血吸虫的机理，成功建立了实验东方田鼠室内驯化种群并进行了深入研究。中南大学对东方田鼠长江亚种和宁夏亚种基因组采用系统发育树分析方法，分析和比较两个亚种的亲缘关系，基本形成了实验东方田鼠较完整的质量控制与标准化研究成果。2014 年，湖南省质量技术监督局发布了 DB43/T 951–2014《实验东方田鼠饲养与质量控制技术规程》，东方田鼠作为实验动物的地位真正得以确立。

随着对东方田鼠研究的进一步深入，科研人员发现，东方田鼠还可以作为糖尿病（DM）、卵巢癌、非酒精性脂肪肝等研究的模型动物。研究证实，东方田鼠可通过多种方法建模，筛选出最敏感、与人类糖尿病病理生理特征最相似的品种，通过预实验可筛选出诱发东方田鼠糖尿病的最佳药物浓度和作用时

间，保证动物模型的稳定性和建模的高效性，尽量排除人为因素引起的病理学和临床表现上的差异。糖尿病动物模型主要是啮齿类动物，可分为自发性遗传性动物模型、诱导性动物模型和转基因动物模型。自发性遗传性动物模型中有 1 型糖尿病动物模型，如 BB 大鼠、NOD 小鼠；2 型糖尿病动物模型，如 KK 小鼠。BB 大鼠、NOD小鼠、KK 小鼠等科学价值高，但由于价格昂贵、饲养困难，限制了其应用。

人类卵巢癌动物模型以啮齿动物为主，多通过人工诱导方法来进行，但是这些卵巢癌动物模型均不完全是上皮性卵巢癌，而且人工诱导发生的动物模型与自然发生的模型有相当大的差距。成年雌性东方田鼠封闭群中卵巢癌的自然发生率在 4% 以上，其自发性卵巢癌临床表现为腹水和恶病质，卵巢肿大，形成囊状物，直径超过 2 厘米，表面有大小不一的颗粒，切面常为多房，呈灰白色，内壁布满细小乳头，质脆，易脱落，有的囊内为混浊血性液体。东方田鼠自发上皮性卵巢癌与人类的相应肿瘤极为相似，是一种极有价值的卵巢癌动物模型。

近年来，由于饮食结构的变化，非酒精性脂肪肝的发病率呈逐年上升趋势，

统计结果显示脂肪肝病人已占到平均人口的 10% ～ 24%，在发达国家已成为最常见的肝病。非酒精性脂肪肝有进展至肝硬化、肝癌、肝衰竭的危险，已成为全球普遍关注的医学问题和社会问题。目前，非酒精性脂肪性肝病动物模型基本采用大鼠、小鼠、兔等动物来建立，在此基础上对这一疾病的发病机制、治疗手段等方面进行研究。高脂饮食能诱导出小鼠非酒精性脂肪肝模型，但小鼠不太适合长时间给药观察研究；兔虽也能建立模型，但其抵抗力差，容易继发感染而死亡；目前比较常用的大鼠和 ob/ob 肥胖病症模型小鼠的病变进展很快，各期病变交叉出现，不能很好体现病变的进展过程，不利于疾病发病机制的研究和治疗药物的筛选。因此，科学家迫切需要发掘新的动物来建立非酒精性脂肪肝模型。近些年来，人们在对东方田鼠进行实验室繁育过程中发现东方田鼠在实验室条件饲养下易发生脂肪肝病变，进一步研究结果显示东方田鼠非酒精性脂肪肝模型具有模型易构建和病变有一定进展过程等优点，可以用于发病机制和早期临床药物干预等方面的研究。

田鼠无疑在推动中国生命科学特别是医药领域的发展、保障人民健康等方面具有不可磨灭的贡献，是现有实验动物体系中不可缺少的一环。

如梦令

红眼黑腹精长，遗传定律明朗。

百年研究旺，获得诺奖一筐。

传唱，传唱，奉献牺牲莫忘。

果蝇

第2节

在浩如烟海的诗词中，以"蝇"字入诗的并不多。其意思大概有三种：第一种写的是"苍蝇"及其代表的"恶"，如曹植《赠白马王彪·并序》中的"苍蝇间白黑，谗巧令亲疏"，唐代徐夤《逐臭苍蝇》中的"逐臭苍蝇岂有为，清蝉吟露最高奇"；第二种是借"蝇"表示微小、微不足道，如苏轼《满庭芳·蜗角虚名》中的"蜗角虚名，蝇头微利，算来著甚干忙"，陆游《读书》中的"灯前目力虽非昔，犹课蝇头二万言"；第三种是以物喻人，表达生活的悲凉和人生的卑微，如宋代蔡襄《送杨渥赴西安主簿》中的"今予痴仕如秋蝇，飞尘满耳汗浃膺"，清代程嘉燧《毛锥行》中的"我栖一楼如冻蝇，跬步出游还不能"。宋末元初隐逸诗人卫宗武曾作过一首《咏蝇》，"营营止于棘，或赤而或黑。皓皓染成污，奸魂并佞魄"，对"蝇"的恶作为进行了毫不留情地揭露。

果蝇是一种小型蝇类，与苍蝇同目不同科，比普通苍蝇小得多，体长只有 3～4 毫米，如同米粒一般大小。在垃圾桶边或久置的水果上，只要发现许多红眼的小蝇，那就是果蝇。果蝇是双翅昆虫，属完全变态类，其生活史可分为卵、幼虫、蛹、成虫四个阶段。果蝇主要特征是具有硕大的红色复眼，一只正常果蝇的复眼由 800 个小眼组成，每个小眼又由 8 个细胞凑成一圈。因为有了复眼，果蝇可以有效判断自身与所观察物体的方位、距离，从而做出更快速的判断和反应。

果蝇分布于除南北极外的全世界，目前有 1000 个以上的果蝇物种被发现，大部分果蝇物种以腐烂的水果或植物体为食，少部分则只取用真菌、树液或花粉为食物。在动物世界中，精子通常比卵子小，雄性产生的精子数量也比雌性产生的卵子数量多得多，然而有些雄性物种却是例外，它们只生产很少的精子，但个个都体型巨大。其中最大纪录的保持者是二裂果蝇。二裂果蝇本身体长虽然只有数毫米，但它们的精子可以达到惊人的六厘米长，是其本身长度的20倍左右。苏黎世大学进化生物学家斯蒂芬·卢普尔德（Stephen Lupold）认为："与其他夸张的性特征相比，果蝇精子可能是动物世界最极端的性特征案例。"

一个好的实验动物材料必须具备生活史短、繁殖力强、容易饲养和多遗传标记因子等条件。果蝇具有易于饲养、生命周期短、繁殖能力强、染色体简单、突变表型多且易于观察等诸多优点，可以进行品系资源库的开发、保存和大批量的功能筛选，与其他短世代模型生物相比，果蝇拥有更多的组织和细胞类型以及丰富的、方便观察的表型和个体行为，可以为生命发育、成体健康、个体行为甚至进化等科学问题的探索提供理想的实验材料。果蝇在20世纪以来的遗传学上扮演了绝对的主角，近一个世纪以来，果蝇遗传学在各个层次的研究中积累了十分丰富的资料，人们对它的遗传背景有着比其他生物更全面、更深入的了解。

黑腹果蝇原产于东南亚，在1830年首次被科学家关注。果蝇第一次被用作实验研究是在1901年，实验者是动物学家和遗传学家卡斯尔，他通过对果蝇的品系研究，设法了解多代近亲繁殖的结果以及取自其中某一代进行杂交所出现的现象。1909年，摩尔根开始在实验室内培育果蝇并对它进行系统的研究。之后，很多遗传学家就开始用黑腹果蝇做研究并取得了很多遗传学方面的知识，探明了其基因在染色体上的分布。摩尔根不仅用果蝇证实了孟德尔遗传定律，还发现了果蝇白眼突变的隐性连锁遗传，提出了基因在染色体上的连锁与交换定律。1933年，摩尔根因此被授予诺贝尔生理学或医学奖。1946年，摩尔根的学生赫尔曼·米勒（Herman Miller）证明了X射线能使果蝇的突变率提高150倍，他也因此成为诺贝尔生理学或医学奖获得者。20世纪70年代以后，果蝇被广泛应用于发育生物学的研究。20世纪80年代以后针对果蝇的基因组操作取得重大进展，发展出了一系列的有效技术。1995年，诺贝尔生理学或医学奖再次授予通过在果蝇研究发现早期胚胎发育中遗传调控机理的美国遗传学家爱德华·路易斯（Edward B. Lewis）、德国发育遗传学家尼斯莱因－福尔哈德和美国发育生物学家艾瑞克·威斯乔斯（Eric F. Wieschaus）。

2000 年，果蝇的全基因组测序基本完成，全基因组约 165 Mb（1 Mb = 106 base pair）。研究表明，果蝇的遗传密码与四分之三的已知人类疾病基因相同，对普通麻醉剂的反应也与人类相似。果蝇拥有极强的生存能力，因为身体内还藏着一个大脑，所以即便是没有头，也可以靠感觉器官导航，并不影响正常生活。果蝇能够抵抗 64000 拉德的辐射，可

以在核辐射环境中存活。2014 年 9 月 1 日，俄罗斯光子 – M4 号生物卫星携带壁虎、果蝇、蚕卵、蘑菇和高等植物种子于奥伦堡着陆，其中五只壁虎全部"殉职"，而果蝇却存活了下来。

实验用果蝇一般需从国际公认的果蝇资源中心订购，以保证基因型正确、遗传背景清晰、无微生物（细菌、霉菌、螨虫等）污染。引入果蝇后，需对果蝇的表型进行确认，必要时可结合聚合酶链式反应（PCR）测序等方式进一步确认。目前，世界果蝇资源库主要有 3 个，按品系数量依次是布卢明顿果蝇资源中心、东京果蝇资源中心和维也纳果蝇资源中心，其余还有苏黎世大学的果蝇资源中心、日本国立遗传学研究所果蝇资源中心、北京清华大学果蝇资源中心等。北京清华大学果蝇中心成立于 2011 年，是为果蝇社区提供资源和技术服务的非营利性机构。建立之初就开始大规模生产果蝇转基因 RNAi 品系，在已获得 hairpin 载体的前提下，每月可以获得 500 株转基因系，库存了大量转基因系果蝇以供生命科学和生物医学研究使用。

虽然大多数人厌恶苍蝇，但仍有部分人对其情有独钟，并为其创作了不少作品。比如周作人在散文《苍蝇》中引用希腊路吉亚诺思（Luklanos）的《苍蝇颂》，"苍蝇在被切去了头之后，也能生活好些时光"；在日本江户时期著名俳句诗人小林一茶的俳句选集中，咏蝇的诗竟然有二十首之多；英国现代作家、诺贝尔文学奖获得者威廉·戈尔丁（William Golding）在其创作的长篇小说《蝇王》（Lord of the Flies）中，通过运用许多象征性的例子告诉读者虽然人性中有性恶的一面，然而最大的敌人却是人类自己。

世人以蝇为恶，对蝇头小利不以为然，但现代科学家却通过果蝇实现了利国利民的大利。希望在各国科学家的不断努力之下，这种"利"能够发扬光大，造福人类。

沁 园 春

纪元寒武，脊椎启幕，或为人祖。

相伴五千年，餐食观宠；阔海凭跃，浅溪亦趣。

诗词歌赋，神话传说，秀才柳毅传笺素。

寓吉祥，祈千家万户，年年有余！

类人基因高居，求探索资源最丰富。

看斑马剑尾，分工有度；太空育种，青鳉独舞。

海洋环境，污水监测，更有裸项栉虾虎。

献此身，究生命真相，人类进步。

第 3 节 鱼

动物学研究表明，在近五亿年前，地球上的生命进化历程中出现了一次重大飞跃，诞生了最早的鱼形动物，也揭开了脊椎动物史的序幕，动物界的发展进入了一个新的历史阶段。真正的鱼类最早出现于三亿余年前，在悠久的历史过程中，曾经生存过的大量鱼类早已随着时间的消逝而绝灭，现在生存在地球上的鱼类仅仅是后来出现、演化而来的极小一部分。鱼相伴人类文明走过了八千多年历程，与人类结下了不解之缘。

在中国，自古流传着一句老话："民以食为天。"正是由于这样的理念，中国的先人们靠山吃山、靠水吃水，形成丰富多彩、源远流长的饮食文化，东西南北各有千秋。尽管有或多或少的差异，但在中国老百姓的餐桌上，不管是逢年过节，还是红白喜事，往往都离不开鱼，质朴的中国老百姓把所有的希望和祝福都煨进了鱼中。

鱼为人们所喜爱，除了它的食用价值外，还由于它是一种美好的文化象征。古人寄信时常把书信结成双鲤形状寄递，李商隐在《寄令狐郎中》写道："嵩云秦树久离居，双鲤迢迢一纸书。"相传更早的时候，人们以绢帛写信，把它装在真鲤鱼腹内传给对方，故称"鱼笺"。汉代蔡邕作有一首乐府诗描写了这样的信件："客从远方来，遗我双鲤鱼。呼儿烹鲤鱼，中有尺素书。"宋代程垓则在《卜算子·枕簟暑风消》中写道："一纸鱼笺枕底香，且做新来梦。"

　　追求自由是人的天性，鱼能够在水里游来游去，往往也就成为"自由"的象征。宋代阮阅在《诗画总龟》前集卷三十中引用《古今诗画》所言："唐代大历年间，禅僧元览在竹上题诗：'大海从鱼跃，长空任鸟飞。'"后人改诗为："海阔凭鱼跃，天高任鸟飞。"1925年12月，33岁的毛泽东去广州主持农民运动讲习所，在长沙停留期间毛泽东重游橘子洲，写下了著名的《沁园春·长沙》："鹰击长空，鱼翔浅底，万类霜天竞自由。"

　　地球上的生命起源于海洋，而海洋中的高级生命则是鱼，现存动物的祖先（包括人猿）都是由远古的鱼类演变而来的。人作为陆地上的高级生命，在进化链上曾同鱼的蛋白基因有过相同的结构。到了现代，鱼已经不仅仅在餐桌上满足人们的口腹之欲，更是作为重要的实验动物在行为学、生理学、生态学、医药科学、生态环保等研究领域大放异彩。

　　鱼是变温水生脊椎动物，属于脊索动物门中的脊椎动物亚门，是最古老的脊椎动物，它们几乎栖居于地球上所有的水生环境。全球目前已命名的鱼种约在32100种，分33个纲、44个目、550个科。鱼类属于低等脊椎动物，种类超过任何脊椎动物纲动物的数目，无论在组织结构上还是生理上，鱼与高等脊椎动物都具有一定的可比性，在一定程度上可与人类的对应性状相类比。因此，鱼类实验动物是解答脊椎动物基本生物学问题的重要模型，不仅在比较解剖学、比较组织学、比较病理学、比较营养生理学等方面是很好的材料，还能在相应疾病的机理、病理和防治等研究领域开拓发展空间，提供新思路。

　　目前，鱼类是唯一适合于大规模饱和诱变筛选的脊椎动物类群，大批量的突变个体被固定，加上鱼类的基因敲除技术日臻完善，使得鱼类实验动物的使用正逐渐拓展，深入到生命体的多种系统（如神经系统、免疫系统、心血管系统、生殖系统等）的发育、功能和疾病（如神经退行性疾病、遗传性心血管疾病、糖尿病等）的研究中。研究表明，鱼类实验动物的主要优点表现在种类多、繁殖力强、遗传容易控制、胚胎体外发育和胚胎透明等。鱼类胚胎发育过程中，细胞增殖、迁移、分化、凋亡的共同作用，决定个体的大小、形态和组织器官的形成，了解基因间相互作用对发育过程的影响是生命科学研究的重要方向。鱼类的神经中枢系统、内脏器官、血液和视觉系统尤其是心血管系统的早期发育与人类极为相似，已成为研究相关疾病基因的最佳模式动物，也越来越多地应用于急性毒理实验、药物评价和化学品毒性等研究。过去的二十年来，实验用鱼类的发展十分迅速，使用量大幅增加，用鱼类替代哺乳动物进行研究的趋势势不可挡。现已开发利用作为实验动物的鱼类有近 100 种，主要有斑马鱼、金鱼、鲤鱼、剑尾鱼、青鳉、虹鳉、黑头软口鲦、麻哈鱼、虹鳟鱼、大西洋鲑鱼、海鲈、大西洋比目鱼、大西洋鳕鱼、大比目鱼、非洲鲶鱼等，其中以斑马鱼的研究尤为深入，应用最为广泛。

斑马鱼是水生实验动物的重要代表之一，俗称"花条鱼""蓝条鱼"，因从背部至尾部和臀鳍上有数条深蓝色条纹直达尾鳍，全身条纹似斑马纹而得名。通过多年探索研究，斑马鱼已建立了若干纯系和突变系，成为脊椎动物发育研究中的主要模式动物。自 1981 年美国生物学家施特雷辛格首次在《自然》上发表了关于斑马鱼研究的文章，斑马鱼就作为一种模式动物被广泛应用于基础研究之中。细胞凋亡的研究正是在斑马鱼的基础上研究得出的，轰动了当时的科学界，也获得了诺贝尔奖。成年斑马鱼体长 4 ～ 5 厘米，胚胎可置于 96 孔板中培养，培育成本较低。斑马鱼繁殖周期短、产卵数量多，可用于大规模药物筛选。斑马鱼给药方式简单，可直接将药物溶于水中，鱼可通过皮肤、鳃、消化系统等来吸收，相比传统给药方式操作简单、节约试剂，因此可以作为高效便捷的药物筛选模型。科学家科斯汀·豪（Kerstin Howe）等研究了斑马鱼的基因组序列，发现斑马鱼与人的相似基因可达 87%，可通过斑马鱼进行遗传性疾病的深入研究。1994 年，德、美两家实验室共同努力，筛选到斑马鱼的饱和诱变品系。同年，在美国纽约州的冷泉港实验室召开了斑马鱼研究专题会议，这标志着斑马鱼已成为继小鼠、果蝇、线虫后又一生物学研究的重要模式动物，成为实验用鱼类的代表。1998 年，北京清华大学建立了国内第一个以斑马鱼为模式动物的发育生物学实验室，开启了斑马鱼在中国的研究，目前中国已有 250 个以上的实验室利用斑马鱼开展多学科领域的研究。2012 年 10 月，国家斑马鱼资源中心在中国科学院水生生物研究所正式挂牌成立。

剑尾鱼又名剑鱼、青剑，主要分布在墨西哥、危地马拉等地的江河流域。剑尾鱼原为绿色，身体两侧各具一道红色条纹，后又培育出许多花色品种。作为卵胎生鱼类，剑尾鱼在生殖上与普通鱼类明显不同，需通过体内受精才能完成繁衍后代的使命。剑尾鱼雌雄间的体型特征差别明显，存在性逆转现象。作为实验动物，剑尾鱼在化学品与环境污染物检测中得到了良好应用。在对多氯联苯、壬基苯酚、有机磷农药、消油剂等有机污染物和汞、镉、铬、铜等重金属的毒性评价研究中，剑尾鱼在外观、组织病理、酶等生化指标上表现出不同的毒性变化，能反映不同污染物的毒性伤害情况。剑尾鱼一些种间和属间杂交后代易产生黑色素瘤，许多学者应用这一模型开展了肿瘤发生机理、防治药物筛选等相关研究。在中国，剑尾鱼的培育最初来源于广州地区养殖的剑尾鱼，体征分别为红眼体红、红眼体白等。中国水产科学研究院珠江水产研究所通过培育筛选，选择活力好、体健无畸形的剑尾鱼为亲本，分别采用近交和封闭群培育方式传代，获得了 RR-B（红眼体红）近交系（群）和 RW-H（红眼体白）封闭群。剑尾鱼实验动物品系的建立，填补了中国水生实验动物品系的空白，丰富了中国的实验动物资源，促进了中国水生实验动物学科的发展，为不同领域的应用研究提供了优良的材料基础，对相关研究也起到了很好的促进和引导作用。

稀有鮈鲫是中国特有的一种鲤科鮈鲫属鱼类，主要分布于四川省彭州市，都江堰市，雅安市汉源县、石棉县，成都市双流区等地，应用研究涉及鱼病学、遗传学、环境科学、胚胎学、生理生态学等领域。从 1990 年开始，中国科学院水生生物研究所以将它开发为新的实验动物为目的，先后对稀有鮈鲫的分布区与生活习性、形态与分类地位、繁殖、胚胎发育、胚后发育、生长、摄食、对生态因子的适应性、核型与同工酶、饲养方法、繁殖技术、麻醉方法、近交系培育等方面进行了系统研究，并获得了全兄妹近交 21 代的稀有鮈鲫，离培育标准实验动物的目标已非常接近。作为一种标准化的鱼类实验动物，稀有鮈鲫将在化学品测试、毒理学、遗传学、疾病机理与药物筛选等领域中得到更为广泛的应用。

虹鳟是世界上广泛养殖的重要冷水性鱼，属鲑形目鲑科麻哈鱼属的一种鲑鱼。因成熟个体沿侧线有一条棕红色纵纹，如同彩虹，因此得名"虹鳟"。虹鳟最大体长 120 厘米，栖息深度 0 ～ 5 米，主要分布于加拿大、美国、墨西哥的太平洋沿岸部分水域以及哥伦比亚的河流，生活在低温淡水中，对养殖水域的水质要求较高，现已引殖到很多国家。虹鳟曾是使用最广的实验鱼之一，但从实验动物学科的角度来看，由于虹鳟鱼类受实验装置和饲养条件的限制，难以成为理想的鱼类实验动物。

红鲫是一种水生变温动物，是金鱼最古老的品种，红黄鲫鱼向金鱼过渡的最初类型，其一般特征与普通鲫鱼相同。由于红鲫体色火红、色泽鲜艳、肉味鲜美，具有食用与观赏双重经济价值，在生物医学研究中有着广泛的用途。红鲫具有较完善的消化系统、循环系统、排泄系统、神经系统、内分泌系统、生殖系统，器官系统的结构与机能均类似于哺乳动物。作为实验动物，红鲫具有生活力强、性成熟早、繁殖力强、体型适当、杂食性、体外受精、体外发育等特点，自 20 世纪 90 年代起，南华大学实验动物学部已采用雌核发育技术将红鲫实验动物化，建立了红鲫近交系。资料表明，实验红鲫可应用于发育生物学（含胚胎学）、遗传学（含遗传育种学）、分子生物学、生理学、内分泌生理学、生态毒理学、药理学、行为科学、比较病理学、肿瘤学、环境科学等学科研究，特别是可应用于水生态环境污染监测与安全性评价、水生动物疾病模型、水产药物筛选、效价测定及安全性评价、化学品进出口管理的毒性测试等。

裸项栉虾虎鱼是一种小型海洋鱼类，主要分布于中国沿海，南至琉球、菲律宾一带的礁石或沙泥底质浅水区，具有繁殖周期短、繁殖力强、广盐性、控温条件下全年均衡产卵等优点，易于营造标准化饲养环境，是中国首个开展实验动物

化研究的海水鱼类。广东省实验动物监测所进行了裸项栉虾虎鱼的繁殖和实验动物化研究，建立了规范的生物毒性评价方法，主要应用于海洋排放物监测、生物毒性监测、海洋水环境监测、工业污水排放指标评价以及水生动物病害模型和比较医学研究等领域，在消油剂等的生态毒理评估领域也得到了良好应用，已成为相应的国家标准被推荐使用。

青鳉又名阔尾鳉鱼、大眼贼鱼，为小型上层淡水鱼类，中国本土原生鱼，在稻田及池塘、沟渠中常见。近些年来外来物种食蚊鱼在国内野外环境中大量繁殖，青鳉的生存受到了严峻的挑战，现在在野外已经很难看见它的踪影了。日本较早开始青鳉的研究工作，将其应用在生理学、生态学、内分泌学等方面，并在培育、饲养管理、实验操作等方面进行了系统的研究。田中实博士（Dr. Tanaka Minoru）以青鳉为模式动物，阐述了生殖干细胞的自我复制、分化发育和自身性别决定的分子机制，发现并证实了基因 Foxl3 是脊椎动物中决定生殖细胞变为精子或卵子的遗传开关。由于产卵可控，1994 年青鳉作为脊椎动物的代表搭乘"奋进"号航天飞机进入太空，完成了从受精到个体的整个发育过程，实现了真正意义的"太空育种"，成为世界上首批被用于研究胚胎在太空环境下发育的鱼类之一。结果表明，在太空出生的青鳉长大后的体型与在地球上出生的同类类似。

唐鱼又名白云山鱼、白云金丝、红尾鱼等，是广州市白云区内白云山、流溪河附近溪流的特有种。1932 年，鱼类学家林书颜等首次在广州白云山发现了唐鱼，由于其独特的观赏价值，很快流传至世界各地，成为人们喜爱的观赏

鱼，人们把这种来自中国的漂亮小鱼命名为唐鱼。唐鱼属于中国二级保护动物，与娃娃鱼同级别，对水体污染非常敏感。唐鱼曾在 20 世纪 80 年代被宣告灭绝，2003 年广州市科考人员在从化、增城多处野外找到了自然存在的小种群唐鱼，

因此唐鱼作为国家二级保护动物在广州境内"死而复生"。目前,广州市从化区良口镇良新村水尾洞社横坑,是中国境内唯一一个以唐鱼作为保护对象的保护区。2012 年,科考人员在海南岛发现了唐鱼的野生种群,这也是海南岛首次发现唐鱼的存在。从生物学特性来看,唐鱼体型小、繁殖周期短、饲养条件要求低,容易在实验室条件下实现纯化培育。唐鱼具有连续产卵特性,短时期可以获得大量均一胚胎,在胚胎毒理学上有着广阔的应用前景。唐鱼卵膜透明,胚胎发育过程可全程观察,是发育生物学上一个很好的观察材料。此外,唐鱼易于出现盲眼、脊椎畸形的个体,这也是遗传学上研究的好材料。

2007 年,国家人口计生委科学技术研究所联合中国食品药品检定研究院、中国科学院水生生物研究所和北京大学等单位,开展了实验用鱼地方标准的系统研究。2013 年,中国第一部实验用鱼质量控制标准由北京市质量技术监督局正式颁布,于 2014 年 4 月 1 日开始实施,内容包括"微生物学等级及监测""寄生虫学等级及监测""遗传质量控制""配合饲料技术要求""环境条件""病理诊断规范"六个部分,为鱼类实验动物的使用与研究提供了有力的质量保障。

赞实验犬

置身斗笼不知年，

何曾红丝毯上眠。

尝药试针归自然，

科研路上岂如烟。

犬 / **4**

第 节

犬是人类最早驯化的野生动物之一，也是人类的助手和好朋友。"柴门闻犬吠，风雪夜归人""吠犬鸣鸡村远近，乳鹅新鸭岸东西""渔家开户相迎接，稚子争窥犬吠声"等诗句生动形象地描绘了犬与人类的亲密关系。人们通过对犬日常行为状态的观察，总结凝练了很多的生活经验。"鸢饱凌风飞，犬暖向日眠""犬上阶眠知地湿，鸟临窗语报天晴"就是白居易描述狗睡眠的地点与气候变化关系的诗句。

作为典型的伴侣动物，犬也把人类当作其亲近的对象，并与其主人建立了强烈的依附关系。唐代薛涛在《十离诗·犬离主》中写道："驯扰朱门四五年，毛香足净主人怜；无端咬著亲情客，不得红丝毯上眠。"以此陈述自己的不平遭遇，表达了自己的卑微讨好之意。正如达尔文所说："对人的爱已经成为犬的本能，几乎不容置疑。"从某种意义上讲，与其说是人类选择把狼驯化成狗，不如说是狼的一支选择臣服于人类，这一切都是大自然的杰作，充满着无限巧合。

犬的生物学起源可追溯到几千万年前，其驯化史大约在一万五千年前的中石器时代，甚至有科学家从遗传学的角度论证称，可能早在距今10万年前，犬就已被人类驯化。在中国，河北武安磁山、河南新郑裴李岗、浙江余姚河姆渡等遗址都发现了犬的骨骼。科学家们推断，距今约3.3万年前，一些灰狼在人类聚居区周围"拾荒"，与人类保持着松散的联系，经过漫长的时间，部分

灰狼被驯化，对人类表现出更加强烈的依附关系并逐渐演化成为家犬。国际学界对于犬的驯化起源地说法主要有"东亚起源说""中亚起源说""欧洲起源说"和"中东起源说"等。据2009年美国每日科学（Science Daily）网站报道，瑞典皇家理工学院科学家彼得·萨弗莱宁（Peter Savolainen）确认了犬类的起源地点和时间，他认为目前世界所有种类的犬都起源于约1.6万年前中国长江流域南部驯养的狼，也就是说，目前全球"汪星人"的祖先都是中国的驯狼。中国科学院昆明动物研究所王国栋博士于2009年、2011年分别从母系遗传和父系遗传角度证明了家犬起源于中国南方，2016年又从全基因组的角度再次进行了证明，这是目前证据最多、最充分的假说。不过令人遗憾的是，目前在中国南方还没有发现能揭示3万多年前家犬起源的化石证据。

在实验动物中，犬是最常见的物种之一，主要包括比格犬、四系杂交犬、墨西哥无毛犬等。四系杂交犬体型大、胸腔大、心脏大，特别适用于外科手术；墨西哥无毛犬因全身无毛适用于粉刺或黑头粉刺的研究。中国繁殖饲养的其他实验犬的品种也很多，如中国猎狗、西藏牧羊狗、狼狗、四眼狗、华北狗、西北狗等。华北狗和西北狗广泛用于烧伤、放射损伤、复合伤等研究，狼狗适用于胸外科、脏器移植等实验研究。

比格犬全名米格鲁猎犬，又称小猎兔犬，是全世界唯一公认的标准实验用犬，原产于英国，1880年传入美国后开始大量繁殖。比格犬体型中等，性格开朗热情，善解人意，动作反应迅速，对人类极易亲近。1950年，美国极力推荐该犬成为实验用犬，世界各国也纷纷引进进行饲育繁殖。20世纪80年代初，上海、北京等地相继引进比格犬，后再引到各地繁殖饲养。

比格犬属中型犬，是猎犬中较小的一种，成年体重7～10千克，体长

30 ～ 40 厘米。比格犬有白鼻心、白脖子、四只白脚和白尾端"七点白"，短毛、大耳朵，毛色有黄、白、黑三色或黄、白两色。作为实验动物，比格犬有以下几个特点：一，亲近人，温驯易捕，对环境适应力强，抗病力强；二，性成熟早（约 8 ～ 12 个月），产仔多；三，体型小，利于实验操作；四，遗传性能稳定且优良，一般没有遗传性神经性疾病；五，形态和体质均一，血液循环系统发达，器官功能一致，在实验中反应一致性好，尤其在中毒实验中可信度高。世界卫生组织（World Health Organization，WHO）在 2003 年重申比格犬是生物医药、化学药品、食品、保健品、化妆品及农药安全性评价实验的首选用犬。为了实验效果的均一性、稳定性和可重复性，实验用比格犬在血统上有着相当高的要求，对父系、母系的血统都有追溯。2015 年，广州医药研究总院有限公司成功构建了全球首例基因敲除比格犬模型，两只比格犬被敲除了肌肉生长抑制素基因后，它们的肌肉生长发育能力得到了增强。这项技术的突破打开了未来对犬基因组实施精准编辑的大门，为开展其他人类重大疾病，如神经疾病、心血管疾病等犬类疾病模式动物的研究奠定了重要基础。

　　比格犬是贯穿药物研发整个阶段最重要的实验动物，是创新药物研究"卡脖子"式科技战略资源。目前，国外（尤其是美国）将比格犬种质资源作为战略资源，严格进行管控，不对外共享。为加强中国犬类实验动物战略资源的种质资源保存与利用，着力解决对国外资源的高度依赖问题，2010 年经科技部批准，位于广州市增城区中新镇的广州医药工业研究院比格犬标准化饲养繁殖基地成为国内唯一的国家犬类实验动物种子中心，主要从事犬种质资源的保存、繁育及研发利用，为国内实验动物繁育机构、科研院所、高校、新药研发机构等提供种犬、科研用犬、教学用犬等公益性服务，

国内生产的所有比格犬都是从这里引种繁殖的。在国家犬类实验动物种子中心的基础上，2019 年科技部和财政部将其建设的国家犬类实验动物资源库纳入国家科技资源共享服务平台，继续推进实验犬资源的汇集、整合以及资源的开发利用，为科学研究等提供科技资源共享服务。可以说，犬类实验动物资源是中国生命健康领域科技创新活动的"芯片"，是核心要素。

比格犬还是国门线上"最萌特工队"的核心成员。作为海关检疫犬，经过训练后比格犬的嗅觉灵敏度比最精密的仪器还要高 200 倍以上。它们依靠敏锐的嗅觉，能够精准识别出游客行李箱中携带的违禁动植物等物品。每年各海关的检疫犬都能检出数万批次、超百种的外来有害生物，包括含禽流感病毒的禽蛋，含地中海实蝇、南瓜实蝇等危害性极大的检疫性有害生物的水果以及我国禁止携带、邮寄进境的燕窝、牛奶等。

憨态可掬二师兄，

智商器官类人同。

异种移植首选它，

科学实验逞英雄。

猪／第5节

因为《西游记》，猪八戒在中国可谓妇孺皆知，他是《西游记》中形象最丰满的角色之一，如果没有他，《西游记》的趣味性将会大打折扣。猪八戒真实乐观、好吃懒做、市侩尊师，与芸芸众生别无二致。在古汉语中，猪被称为"豕"，见诸众多诗词典籍。在《诗经·小雅·渐渐之石》里有"有豕白蹢，烝涉波矣"，《诗经·大雅·公刘》里有"执豕于牢，酌之用匏"等咏猪的诗句。在古代中国，猪牛羊作为最高礼仪被用于祭祀。猪被称为六畜之首，也是十二生肖之一。《诗经》之后，诗人咏猪，更多的是反映当时的风土人情。例如范成大的"猪头烂熟双鱼鲜，豆砂甘松粉饵团"，再现了人们用烧猪头等祭拜灶神的情景；通过隋代王绩的"小池聊养鹤，闲田且牧猪""尝学公孙弘，策杖牧群猪"则可以看出古人除了放羊、牧牛之外也放猪；而苏轼的《猪肉颂》，不仅写出了诗人吃猪肉时的惬意，还写出了猪肉的烧法，按照此法烧出来的"东坡肉"也成为文坛与美食结缘的佳话。

猪的进化历史要追溯到 4000 万年前，有考古证据表明，家猪起源于 1 万年前欧洲和亚洲的两个野生族群。野猪首先在中国被驯化，早在母系氏族公社时期，中国就已开始饲养猪、狗等家畜。浙江余姚河姆渡新石器文化遗址出土的陶猪，其图形与家猪形体十分相似，说明当时对猪的驯化已具雏形。直到 16 世纪，家猪才被人类带入美洲。18 世纪，欧洲人将中国家猪引入欧洲大陆，与当地家猪交配，培养出高产仔率、高饲料转化率的现代肉猪，形成了当今世界主流肉猪品种。

据说，防毒面具的发明灵感来自野猪。当野猪闻到强烈的刺激性气味后，就用嘴拱地，而泥土被野猪拱动后，其颗粒变得较为松软，对毒气起到了过滤和吸附的作用，猪也因此可以躲避气味的刺激。第一次世界大战中，俄国著名的化学家尼古拉·德米特里耶维奇·泽林斯基（Nikolay Dimitrievich Zelinsky）根据这一发现，设计、制造出了第一批防毒面具。现如今，尽管吸附剂的性能越来越优良，但它酷似猪嘴的基本样式却一直没有改变。

研究表明，猪的智商跟 4 岁的人类差不多，时代基因董事长、首席科学家孟涛教授认为："人和猪的基因差异只有 1%。"2019 年 9 月，中国农业科学院深圳农业基因组研究所发布了广西陆川猪的高质量基因组序列。这是中国首个地方猪"超清"基因组图谱，其图谱质量堪比国际广泛采用的杜洛克猪基因组，该基因组图谱的发表填补了亚洲家猪缺少高质量参考基因组的空白，意味着中国人从此有了"超清"地方品种猪参考基因组序列。陆川猪和杜洛克猪的分化时间约在 170 万年前。通过比较两种猪的基因组，科研人员发现陆川猪中 272 个阳性选择基因（PSGs）在蛋白酪氨酸激酶活性、微管运动活性、GTPase 激活物活性和泛素蛋白转移酶活性等方面均显著富集，而杜洛克猪的阳性选择基因与 G 蛋白偶联受体活性密切相关。这些发现不仅为猪遗传学领域研究提供了关键的基准数据，而且能更好地利用猪作为模式动物，在分子层面开展基础研究，为人类健康和疾病研究开辟新路。

猪是最重要的实验动物之一，分实验家猪和实验小型猪。家猪在心血管系统、消化系统、皮肤、营养需要、骨骼发育以及矿物质代谢等方面都与人类的情况极其相似。小型猪在解剖、生理和疾病病理等方面与人类有很高的相似性，是人类医学研究的理想模式动物。小型猪的寿命平均为 16 年，最长可达 27 年。通常成年小型猪体重在 30 千克左右（6 月龄），微型猪最小在 15 千克左右。国外最有名的小型猪是哥廷根

小型猪，是最成熟的医用小型猪，在糖尿病、心血管、高血压、帕金森等疾病的研究中都有广泛应用。美国辛克莱小型猪可用于肿瘤、心血管等疾病的研究，尤卡坦小型猪可用于先天性糖尿病的研究。近几年，国内小型猪发展得很快，早期的有中国农业大学培育的中国实验用小型猪，其他还有巴马小型猪、贵州小型猪、五指山小型猪、版纳微型猪、蕨麻小型猪、西藏小型猪等，此外荷包猪也具有一定的实验用动物开发前景。2014 年，中国育成首个小型猪近交系，即五指山小型猪近交系（WZSP），意味着中国已经具有了有效可行的小型猪近交系培育策略和鉴定方法，标志着中国跻身实验小型猪品系化发展领域前列。目前中国实验用猪现行有效的国家标准有 GB/T 22914-2008《SPF 猪病原的控制与监测》，地方标准则有 36 项，分别是北京、湖南、江苏、海南、黑龙江和云南颁布的相关标准。地方标准的制定与推行对于实验小型猪资源的品系化、规范化、规模化、产业化发展起到了积极的引导作用。但是与欧美发达国家相比，中国实验用小型猪资源无论是品系还是数量都尚未满足科学研究的需要，更多品系的育成还有待相关从业人员的努力奋斗。

器官移植是目前很多恶性疾病的最终解决方案，但人的器官来源非常有限，于是科学家开始思考是否可以用其他动物的器官替代。虽然灵长类看上去和人类最为接近，但在医药研究中的决定性因素是动物微生态体系，灵长类多为草食性，而人类为杂食性，两者微生物体系差距较大。多数灵长类体型太小，器官无法承担人体代谢的需要，而黑猩猩、倭黑猩猩、大猩猩、红毛猩猩等大型类人猿又都是濒危的稀有动物，它们的繁殖率较低，无法满足实验动物在规模、一致性等方面的需求。此外，猴子、猩猩等与人类的亲缘关系实在是太近，很

多疾病可以在人类和它们之间进行传播，如果作为器官供体，它们容易传播疾病给人类。

既然"大师兄"指望不上，那就只好烦劳"二师兄"了。首先，猪的器官大小恰到好处，其肾脏、心脏、胰岛、神经细胞等与人的相应器官、组织和细胞在结构和功能上几乎完全一致，可以替代人源性器官供体；其次，猪的解剖结构、生理指标、血型抗原都与人的相似，可以经过基因修饰提高异种移植的治疗效果；最后也是最重要的，猪的生长周期短、易于饲养，便于产业化，降低了治疗成本。世界卫生组织在其关于异种移植的临床研究规范中指出，猪有可能成为高质量器官、组织和细胞的供体资源，为苦苦等待器官移植的病人提供源源不断的供应。当前，对猪的研究前沿也主要集中在异种器官移植上。2015年，中国自主研发的全球首个人工生物角膜"艾欣瞳"投产，这种角膜取材于清洁净养的猪角膜，患者移植后可逐渐与自己原有的角膜组织完全融合，实现终身使用。截至2019年9月，武汉协和医院已完成100余例猪角膜移植手术，患者年龄最小的18岁，最大的72岁。经过长期随访发现，虽然移植初期透明度不够理想，但随着时间推移，透明度逐渐接近人的角膜，裸眼视力可达0.4。

南京医科大学特聘教授、江苏省异种移植重点实验室主任戴一凡是从事转基因大动物和异种移植方面研究的国际知名专家，2002年他领衔的课题组利用基因敲除技术，在美国培育出了基本不含"排斥基因"的克隆猪（万能猪），入选当年美国《科学》（Science）100项重大科学发现之一。戴一凡认为，建立基因改造的克隆猪作为异种移植的供体是解决目前器官供体严重不足现状的现实路径。2018年9月，在日本异种移植研究会上，明治大学和京都市立大学等团队宣布成功研制了用于人类器官移植的猪，有望进入生产阶段。以后，"人面猪心"可能会变得很普遍，"人面兽心"这个成语也可能不再是一个贬义词，而将是描述人体健康或器官组成的中性词了。

赞实验兔

广寒宫里捣药勤，

度人成仙菩萨心。

返转人间亲身试，

但求病魔俯首擒。

也曾出游到澳陆，

天敌不存无须隐。

廿生百亿滥成灾，

人敬自然勿挑衅。

兔 / 第 6 节

"玉兔捣药"是中国神话传说故事之一,最早见于汉乐府《董逃行》。相传月亮之中有一只兔子,浑身洁白如玉,它拿着玉杵,跪在地上捣药制成蛤蟆丸,服用蛤蟆丸的人可以长生成仙。"白兔捣药秋复春,嫦娥孤栖与谁邻""白兔捣药成,问言与谁餐",诗仙李白有关月亮与白兔神话传说的诗篇令人浮想联翩;诗圣杜甫也有"入河蟾不没,捣药兔长生""此时瞻白兔,直欲数秋毫"这样的佳作。在中国、日本和韩国的民间传说中,都有月亮上住着玉兔的说法。玉兔传说不只在东亚盛行,甚至也流传到了拉丁美洲。中国的月球探测任务使用的"嫦娥四号"着陆器取名便是源于中国古老传说,而执行探测任务的月球车更是被命名为"玉兔二号"。

在澳大利亚,兔子是令人谈之色变的动物。澳大利亚本来没有兔子,1859年英国人托马斯·奥斯汀(Thomas Austin)从欧洲带了24只野兔来到澳大利亚。仅仅过去了6年,托马斯·奥斯汀农场的兔子就达到了上万只,同时不甘困在农场的兔子们还像瘟疫一样蔓延到了上百公里以外的地方。到19世纪末期,最初的24只兔子已经繁育成了100亿只兔子,它们啃食植被、危害畜牧业、四处打洞加剧水土流失,以横扫一切的姿态迅速占据了澳大利亚大陆,当地其他食草动物完全无法和兔子们抗衡,造成了严重的生态灾难。据统计,由于兔子的原因而灭绝的澳大利亚原生物种有数十种之多。为了消灭兔子,澳大利亚引进了兔子的天敌狐狸，但是狐狸更喜欢吃行动相对迟缓的本地有袋类动物。最后，澳大利亚引进了粘液瘤病毒，这种病毒的天然宿主是美洲兔，能在美洲兔体内产生并不致命的粘液瘤，但这种疾病对于欧洲兔子来说却是致命的。最重要的是，粘液瘤病毒具有非常严格的选择性，对于人、畜以及澳大利亚的其他野生动物完全无害。病毒引进之后效果极为显著，兔子感染病毒之后死亡率高达 99.9%。1952 年，根据生物学家估算，大概已经消灭了全澳大利亚 80% ～ 95% 的兔子种群。不过随着时间的推移，兔子感染病毒之后的死亡率慢慢降低，现在已经只有 40% 左右。到了 1990 年，兔子的数量回升到了 6 亿只左右，如果不继续采取有效的措施，兔子们泛滥成灾只是时间的问题。

兔子具有管状长耳（耳长大于耳宽数倍）、簇状短尾以及比前肢长得多的强健后腿，共 9 属 43 种。以亚洲东部、亚洲南部、非洲和北美洲种类最多，少数种类分布于欧洲和南美洲。兔子听觉敏锐，嗅觉敏感，但胆子极小，易受惊逃跑。"狡兔三窟""兔子不吃窝边草"等中国人耳熟能详的成语和歇后语充分说明了兔子胆小、谨慎的天性。兔子会挖很多洞，以此躲避敌害；在冬天，兔子只沿着自己的脚印返回自己的家。窝边草之所以不能吃，一是为了隐藏老巢躲避敌害，二是留着粮食储备，待饥荒的时候再吃。兔子会产生两种粪便，一种是常见的圆形颗粒状粪便，另一种是软粪。软粪是未经完全消化的食物残渣，含有丰富的粗蛋白和维生素，兔子会直接从肛门吞食。兔子的食粪性，听起来令人作呕，但是不"食粪"的兔子不是健康的兔子。

兔是最早用作实验用途的动物之一，18 世纪狂犬疫苗的研究成功，就是以兔和马为研究对象开展动物实验的。兔子的 DNA 序列非常接近人类，体积和显药（病）性成正比，体积越大用药越多。兔子有两个完全独立的子宫，可以在怀孕期重复受孕而互不干扰，所以兔子的生育能力极强。兔子的孕期仅需 30 ～ 33 天，繁殖快且长年发情，无季节限制，3 ～ 5 个月即可成熟用于实验，所以活体兔很容易获得。

兔子由于自身的一些生理特点，使得它在一些医学和工业研究上起到了不可替代的作用。兔子血清量较多，胸淋巴结明显，耳静脉大易于注射和采血；兔子对细菌内毒素、化学药品、异种蛋白会产生发热反应，且发热反应典型、反应灵敏而恒定；对皮肤刺激反应兔子的敏感近似于人类，因此在免疫学研究、各种生物制品的检定和皮肤反应实验中被广泛应用。兔子的颈部神经血管和胸腔的特殊构造很适合用于急性心血管实验，如用直接法可记录颈动脉血压、中心静脉压；用间接法可测定冠状动脉流量、心排出量、肺动脉和主动脉血流量等，适合复制心血管和肺心病的各种动物模型。兔子的眼球很大，几乎呈圆形，眼球体积 5～6 立方厘米，重 3～4 克，便于进行手术操作和观察，因此兔子也是眼科研究中最常用的动物，常用来复制角膜瘢痕模型以筛选治疗角膜瘢痕的有效药物。除了以上这些应用外，兔子还在生殖生理和避孕研究、微生物学研究、急性动物实验、胆固醇代谢和动脉粥样硬化症的研究、遗传性疾病和生理代谢失常的研究等方面做出了巨大贡献。兔子的胸腔不同于其他动物，它的纵膈将胸腔分为左右互不相通的两室，因此在做实验时，即使将实验兔子的心脏暴露，也不影响兔子的呼吸。

针对不同的实验项目，对于实验兔的品种有不同的选择标准。国际上实验兔品种多达数十种。中国常用的品种主要有 4 个（封闭群）。一，日本大耳白兔，这是日本以中国白兔为基础选育而成的皮肉兼用良种兔。日本大耳白兔毛雪白、眼睛红、体型中等。由于耳朵大、血管清晰，易于采血和注射，实验操作效果较理想。二，新西兰白兔，这是由美国加利福尼亚州培育成的品种，因和栖息在新西兰岛上的野生兔毛色相似而命名。新西兰白兔毛纯白，皮肤光泽，体格健壮，耳较厚竖立、繁殖力强，被广泛用于皮肤实验、热原实验、致畸实验、毒性实验、胰岛素检定、妊娠诊断和人工受孕等。三，青紫兰兔，由法国育成，分标准型和大型两个品系。青紫兰兔的毛色很特别，每根毛上、中、下分别为黑色、灰白色和灰色，是优良的皮肉兼用良种兔。四，中国白兔，这是中国常用的一种皮肉兼用兔。中国白兔毛色纯白、体型偏小、结构紧凑，耳朵短小直立，抗病力强，耐粗饲，繁殖力强。

想要获得遗传稳定、纯合性好的实验兔，必须通过驯化培育，发现和保留

具有不同生物学特性的品种、品系，最终保留其突变性。目前，全国最大的SPF 实验兔与普通级实验兔繁育基地是位于江苏省邳州市东方养殖有限公司的实验兔生产基地，其占地面积 1000 亩，年繁育 SPF 实验兔 2 万只、清洁级实验兔 3 万只、普通级实验兔 150 万只。2010 年 5 月，科技部发文（国科发财〔2010〕267 号）批准依托位于上海市松江区九亭镇南洋路 2 号的中国科学院上海实验动物中心建立国家兔类实验动物种子中心。

嫦娥五号任务作为中国复杂度最高、技术跨度最大的航天系统工程，首次实现了中国地外天体采样返回。千年民族夙愿，一朝梦想成真，嫦娥五号激荡起每一个中国人内心的自豪情愫。2020 年 12 月 17 日凌晨，嫦娥五号返回器成功着陆，在地面搜索队抵达返回器着陆点前，有一只兔子率先到达现场从返回器前跑过，"玉兔"抢镜迎接嫦娥五号，为中国的探月工程添加了几分浪漫的幻想。

赞实验用猴

金猴争齐怒张弓，

阿尔伯特游太空。

航天先驱荣登榜，

护佑安康再立功！

猴

第 7 节

在中国，很多人是从孙悟空开始对猴子有所了解的。孙悟空生性聪明、活泼、忠诚、嫉恶如仇，代表了灵巧、机智和勇敢，一直是中国人最喜爱的神话人物之一。"金猴奋起千钧棒，玉宇澄清万里埃"，毛泽东的诗句将中国人对孙悟空的赞美推向了新的高峰。

自古以来，猴子不仅是人们最熟悉的动物，也是众多文人墨客歌咏的对象。众多生动传神的诗篇，进一步加深了人们对猴子的了解和喜爱。中国最早的诗歌总集《诗经》里就有对猴子的描述："毋教猱升木，如涂涂附。"猴子最突出的性格特征是好动爱玩，很少有安静的时候。诗人贾岛的《早秋寄题天竺灵隐寺》中写道："人在定中闻蟋蟀，鹤从栖处挂猕猴。"宋代诗人刘学箕在《观猿》中写道："人说南州路，山猿树树悬。"这些诗句里的"挂"和"悬"，都是描述猴子的好动爱闹。诗仙李白的《秋浦歌》则写得更为传神："秋浦多白猿，超腾若飞雪。牵引条上儿，饮弄水中月。"惟妙惟肖地写出了白猿的动作、神态，不仅透出几分动物的灵性，也表达了诗人对白猿由衷赞赏的情趣。

猴类也称灵长类，它是动物界里进化最高等的类群，大脑发达，手趾可以分开，有助于攀爬树枝和拿东西，能够使用简单工具和抓取食物。灵长类中体型最大的是大猩猩，体重可达 275 千克，最小的是倭狨，体重只有 70 克。猴子的寿命一般是 20 年左右，1988 年 7 月 10 日，一只名叫波波的雄性白喉卷尾猴死去，它是世界上年龄最大的一只猴子，终年 53 岁。

大量研究证明，灵长类动物在药物代谢方式等方面，远比非灵长类动物更接近于人。在灵长类动物中，从进化尺度上越是接近于人，其代谢方式也就越和人近似。猴子作为灵长类动物，进化程度高，有发达的大脑和敏捷的身手，也一直被视为人类的近亲，在形态、繁殖、行为、神经活动和传染病等方面与人极为接近，是生物学和医学的重要研究对象。科学家们发现猴子具有与人相近似的生理、生化、代谢特性和相同的药物代谢酶，具有与人相近似的生理学和解剖学特性，除心血管数据外，大多都可推断到人身上。1925年美国耶鲁大学开始饲养实验猴子，1927年苏联格鲁吉亚共和国苏呼米创立了世界著名的灵长类研究中心，但是直到20世纪上半叶，灵长类动物才开始被广泛应用于生物医学研究，到了1950年以后，灵长类动物已获得普遍的使用。

研究表明，猕猴在生理学上可以用于脑功能、血液循环、呼吸生理、内分泌、生殖生理和老年医学等各项研究。猕猴可以感染人类所特有的传染病，特别是其他动物所不能复制的传染病，例如脊髓灰质炎（小儿麻痹症）和菌痢等。上海生理研究所曾用人的脊髓灰质炎病毒对恒河猴和四川短尾猴进行人工感染实验，其临床症状和人类一样。在制造和鉴定脊髓灰质炎疫苗时，猕猴是唯一的实验动物。猕猴对人的痢疾杆菌和结核杆菌最易感染，其在肠道杆菌和结核病等医学研究中是一种极好的动物模型。猕猴也是研究肝炎、疟疾、麻疹等传染性疾病的理想动物。就放射学的表现而言，人和猴最为接近，因此猴也被广泛用于放射医学的研究。但需注意的是，猴的肝炎、结核病、痢疾、沙门氏菌病、疱疹病毒以及类人猿脑膜炎病等会传染给人类。

当无法对危险系数进行预测的时候，人类习惯用其他动物作为先驱。在人类进入太空之前，以阿尔伯特为代表的"太空猴"们，就已经为人类的太空探索立下了汗马功劳，成为早于人类自身进入太空的先驱者。1948年6月，一只名叫阿尔伯特的恒河猴乘坐美国宇航局的V2火箭升空，遗憾的是，由于座舱设计得不合理，阿尔伯特很可能在发射之前就已经因呼吸困难去世了。一年后，1949年6月14日，另一只名叫阿尔伯特二世的猴子飞到了距离地面134公里的高空，这使它成为第一个真正到达太空高度的灵长类动物。尽管阿尔伯特二世在这次发射中幸存了下来，但在返回地面的过程中，由于降落伞没有打开直接撞击地球而牺牲。1951年，名叫约里克（Yorick，先前被称为阿尔伯特六世）的猴子在飞离地面72公里后依然幸存下来。1959年是猴子太空旅行的一个里程碑，一只名叫贝克小姐的松鼠猴和一只名叫埃布尔小姐的恒河猴不仅达到了距离地面 483 公里的高度，而且还都活着回来了。1996 年 12 月 24 日，俄罗斯发射生物 11 号（Bion 11）卫星，携带猴子拉皮克（Lapik）和穆勒季克（Multik）进行了 14 天的飞行，其中穆勒季克阵亡。穆勒季克的死亡让人们认识到利用动物进行研究的伦理问题，世界各地的爱心人士开始呼吁人们停止这种实验。2013 年，一只名为法尔贾姆（Fargam）的猴子被伊朗送到了距离地面 120 公里的高空，它非常幸运地安全返回了地球。至此，人类也正式结束了太空猴子的故事。当然，这主要是因为技术日趋成熟，不再需要猴子作为先驱了。

　　在医学研究中广泛应用的主要是猕猴，常用的有 13 个品种。一，恒河猴，又名忠罗猴、广西猴等，主要分布在巴基斯坦、孟加拉国、印度北部、尼泊尔、缅甸、泰国、老挝、越南，以及中国西南、华南各省、福建、江西、浙江、安徽一带，河北的东陵也曾发现过恒河猴；二，熊猴，又称阿萨密猴或蓉猴，主要分布于阿萨密、缅甸北部以及中国的云南和广西；三，红面短尾猴，又称华南短尾猴、黑猴或泥猴，主要分布于广东、广西、福建、云南等地，其尾巴有的已退化到几乎没有，有的已缩至仅占身体的 1/8 ~ 1/10 左右；四，四川短尾猴，又称藏酋猴，是红面短尾猴的一个亚种，主要分布于四川的西部、西藏的东部，聪明伶俐，可以驯养；五，台湾岩猴，主要分布于中国台湾，肩毛长，有花纹，体大；六，平顶猴，日本称猪尾猴，主要分布于东南亚各国，尾圆粗；七，日本猕猴，体大，成年雄猴重 11 ~ 18 千克，雌猴重 8.3 ~ 16.3 千克；

八，食蟹猴，又称爪哇猴、长尾猕猴，因为喜欢在退潮后到海边觅食螃蟹及贝类，故名食蟹猕猴；九，头巾猴，又称帽叶猴、大灰猴、翘眉，是国家一级重点保护动物，早在1843年就被命名，但直到2008年10月初才被摄像机拍下它们的踪迹；十，戴帽猴，主要分布于印度；十一，狮尾猴，又名狮尾猕猴，是生活在西高止山脉及南印度的旧世界猴；十二，叟猴，又称蛮猴，主要分布于摩洛哥和阿尔及利亚；十三，苏拉威西猴，又称圣猴、黑冠猕猴，只生活在印度尼西亚的苏拉威西岛北部。其他用于医学研究的猴品种还有獭猴、狨猴、夜猴、松鼠猴、金丝猴，主要用于视觉、生殖、疟疾等方面的研究。

自从1997年克隆羊体细胞克隆成功后，人类就打开了动物繁育的一扇新窗户。其他的20多年间，许多哺乳类动物的体细胞克隆相继获得成功，不仅诞生出马、牛、羊、猪和骆驼等大型家畜，还诞生了小鼠、大鼠、兔、猫等多种实验动物。然而，与人类最为相近的非人灵长类动物的体细胞克隆却一直没有得到解决。2017年11月27日，世界上首个体细胞克隆猴"中中"在中科院神经科学研究所、脑科学与智能技术卓越创新中心非人灵长类平台诞生，12月5日，"中中"的妹妹"华华"也顺利诞生。该成果标志着中国率先开启了以体细胞克隆猴作为实验动物模型的新时代，实现了我国在非人灵长类研究领域由国际"并跑"到"领跑"的转变。

赞实验羊

五羊送穗创羊城，

克隆多莉启新程。

动物药厂始"咩咩"，

"火箭心"试"天久"身。

动物实验警钟鸣，

依法依规更谨慎。

若期科研常结果？

效羊跪乳常感恩！

羊 / 第 8 节

羊在中国古代被当成灵兽和吉祥物。汉代许慎《说文》写道："羊，祥也。""祥"也可写作"吉羊"，表吉祥之意。专家考证认为，中原的仰韶文明和南方的河姆渡文明两大体系都很少发现羊的遗骸，是从西北黄土高原逐渐"引进"并"容纳"羊且与中原西徙的黍食农耕文化相融合后，羊才在中国文化里占有了如今的重要地位。人们把羊作为美好的象征，一切美好事物都用羊来形容。广州因五只仙羊送稻穗的传说被称为"羊城""五羊城"。那些靠道德信任和信用在团体中起主导作用，让大家充满信任、心甘情愿地跟着向前走的人，则被尊称为"领头羊"。至于在家中摆放有关羊的绘画、摆件、雕刻，以寓意"吉祥如意""三阳开泰"等，就更是比比皆是、屡见不鲜了。

在现代汉语中，不管是大羊小羊、公羊母羊还是白羊黑羊，都统统称为"羊"，只是"羊"字前面的修饰成分不同罢了，然而在古汉语中却因羊的性别、长相、颜色、大小等不同，其名称也不一样。例如《尔雅·释畜》中写道："羊六尺为羬。"《字林》将羊羔称为"未晬羊也"。《王先谦集解》中，引清代汉学家惠栋所说"羱，山羊细角也"。在中国，羊的种类较多，有绵羊、山羊、黄羊、羚羊、青羊、盘羊、岩羊等。中国的绵羊分属蒙古羊、哈萨克羊、藏羊三大系统；山羊以黄淮海区分布较多；湖羊是世界上唯一的多胎白色羔皮羊品种，主要分布于浙江、江苏太湖流域；小尾寒羊是中国独有的品种，主要分布于山东、河北、河南、江苏等部分地区；新疆细毛羊是中国自行培育的第一个毛肉兼用细毛羊品种，原产于新疆伊犁地区巩乃斯种羊场，是中国于1954年用高加索细毛羊公羊与哈萨克羊母羊、泊列考斯羊公羊与蒙古羊母羊进行复杂杂交培育而成，该品种适于干燥寒冷高原地区饲养，具有采食性好，生活力强，耐粗饲料等特点，已推广至全国各地。

最知名的羊，应该是1996年7月5日诞生的多莉（Dolly）。多莉是用细胞核移植技术将羊的成年体细胞培育出来的新个体，被英国广播公司和《科学美国人》（*Scientific American*）等媒体称为世界上最著名的动物。多莉的诞生在世界各国科学界、政界和宗教界都引起了强烈反响，并引发了一场"人能否克隆"的道德讨论。克隆技术的巨大理论意义和实用价值，促使科学家们加快了研究的步伐，从而使动物克隆技术的研究与开发进入一个高潮。

多莉出世之后，始终享受作为首只克隆羊的超级待遇，不仅正常结婚生子，更享尽了"羊间"荣华富贵。1999年，罗斯林研究所（The Roslin Institute）的科学家宣布，他们发现多莉体内细胞开始显露老年动物所特有的征候。2003年2月，兽医检查发现多莉患有严重的进行性肺病，这种病在当时还是不治之症，于是研究人员对它实施了安乐死。据罗斯林研究所透露，在被确诊之前多莉已经不停地咳嗽了一个星期。"安乐死"让这只曾经享受过生命的快乐并且为全世界带来过无数惊喜的可爱小绵羊得以平静而安详地离去。多莉的尸体后来被制成标本，存放在苏格兰国家博物馆。至于多莉DNA端粒偏短的问题，科学家们经过对鼠、马、牛、猪、狗等多种动物的克隆和端粒研究发现，克隆中偏短、普通、偏长的端粒都有可能出现，这取决于物种或克隆技术。多莉DNA端粒偏短，并不能作为克隆导致早衰的证明。诺丁汉大学发育生物学家凯文·辛克莱（Kevin Sinclair）团队的研究结果表明，克隆和早夭没有必然联系，克隆羊多莉的早夭只是个例。中国工程院院士、医学遗传学家曾溢滔教授认为，多莉羊的诞生推翻了此前"已经分化了的细胞不可能还原成'全能细胞'"的理论，这是其最大的贡献，因而成为二十世纪最伟大的科学实验之一。北京华大基因研究中心主任、生命科学家杨焕明研究员认为："我们现在尚未完全掌握克隆动物的规律，在前进过程中碰到问题是很正常的，这就需要我们通过进一步的研究去解决。"

目前，用作动物实验的主要是山羊和绵羊。山羊勇敢活泼，敏捷机智，喜欢登高，善于游走，爱角斗，属活泼型小反刍动物；绵羊较山羊温顺，灵活性与耐力较差，不善于登高，不怕严寒，唯怕酷热。羊在实验中主要应用于血清学诊断、微生物研究、泌乳生理研究、免疫学研究、放射生物学研究、实验外科、脑积水研究等。由于山羊适应性较强，饲养方便，颈静脉表浅粗大，采血容易，常被用于手术培训和教学以及骨科、生理、心理、化疗和人类慢性关节炎疾病研究等。此外，医学上的血清学诊断、检验室的血液培养基等也都大量使用山羊血。绵羊由于其解剖特征跟人有一定的相似性，越来越多地被用于骨科研究，主要包括骨头、关节、肌肉；在植入机械瓣膜替代大动脉瓣膜和心脏二尖瓣瓣膜的测试中绵羊也很有实验价值；绵羊的红细胞还是血清学"补体结合实验"必不可缺的主要实验材料。此外，绵羊还适用于生理学实验和实验外科手术，绵羊的蓝舌病还能够用于人的脑积水研究。由于羊的饲育成本比较小、更方便管理，越来越多的医院、学校用羊来替换犬用于手术培训。

在实验动物家族中，羊是相对小众的一个，目前在国家层面还没有具体标准，只有北京、上海、青海等地制定了地方标准，也只有这几个地方才可以生产实验用羊。用羊做实验，事先需要进行检疫，检疫合格后，才可以着手实验。2010年12月，东北农业大学的14名男生、13名女生和1名教师因为进行羊活体动物实验，感染严重的布鲁氏杆菌病，从此生活发生了改变。这一惨痛案例，成为时刻鸣响在实验动物科研、教学人员头顶上的警钟。经《中国之声》报道后，引起了社会特别是实验动物界的广泛关注，东北农业大学动物医学学院院长、党总支书记等被免去了职务，教育部办公厅印发了《关于加强高等学校动物实验安全管理工作的通知》（教高厅〔2011〕1 号）。

1998 年 2 月 9 日，中国首只转基因羊"咩咩"在上海奉新动物实验场呱呱坠地，这是由上海医学遗传研究所承担的国家 863 重大项目和上海市科委重大项目"转基因羊研究"的成果。从 1996 年春季开始，该研究所与复旦大学遗传所合作，进行了 119 只羊的转基因实验，共获得 5 只与人凝血因子Ⅸ基因整合的转基因山羊。这些羊分泌的乳汁含有血友病人所需的凝血因子Ⅸ活性蛋白，这种蛋白经过提炼，将成为血友病人的治疗药物。这项研究的成功，迈出了构建"动物药厂"极其可喜的一步，其创新技术路线被列入 1998 年"中国十大科技进展"名录。

2013 年 3 月 14 日，中国运载火箭技术研究院和天津泰达国际心血管病医院的研究团队将中国第一个可植入、第三代心室辅助装置——磁液双悬浮血泵（"火箭心"）植入一只名为天久 1 号的绵羊体内，术后实验羊各项生理指标均正常，健康存活了 120 天。此后，天久实验羊 2 号、3 号和 4 号选用的均是小尾寒羊，实验期间，实验羊各项体征指标和设备装置运转正常。2018 年 5 月 11 日，在天津泰达国际心血管病医院动物实验中心已有 6 只左心辅助羊存活超过 90 天，超过国内标准（6 只羊 60 天以上）以及美国 FDA 标准（6 只羊 90 天以上），其中最长的一只健康存活 180 天，再次刷新了国内做心辅助动物实验的最长存活纪录。2020 年 8 月，"火箭心"终于获得了国家药品监督管理局批准，正式进入临床试验。至此，通过对羊植入人工心脏的长期研究取得了翔实数据和丰富经验，纯国产的"火箭心"将为我国重症心衰患者及其家庭带来福音。

实 验 动 物 版

女:

我们一起学猫叫

一起喵喵喵喵喵

实验动物离不掉

哎哟喵喵喵喵喵

猫咪它也少不了

它是特殊的材料

爱它我们就多说喵喵喵

男:

我们是大自然的同胞

珍惜地球村的每分每秒

猫对人很重要

你我他都非常明了

它是生命的最骄傲

合:

我们一起学猫叫

实验动物离不掉

它是特殊的材料

你我他都非常明了

我们是大自然的同胞

它们是生命的骄傲

爱它我们就多说喵喵喵

猫/第9节

在中国，最早记载猫的是西周时期的《诗经·大雅·韩奕》，当中写有"有熊有罴，有猫有虎"，将猫和虎、熊等猛兽相提并论，此时的猫应当是尚未驯化的一种猛兽。直到西汉人们才肯定猫为家畜，如《礼记·郊特牲》中记载："古之君子，使之必报之，迎猫，为其食田鼠也。"这时的猫因为捕鼠的能力，而受到人们的尊敬。在中国的猫文化中，猫的形象是鲜活而多变的，既有忠良勇敢、富贵长寿的正面形象，也有媚态十足的反面形象。

古诗词中出现的猫，主要集中在宋代以后，唐代偶尔有诗人在诗词中提到过猫，但也并没有给猫什么特别的美好的寓意。到了宋代，猫在诗词中的境遇就完全不同了。比如杨万里在《新暑追凉》中写道"朝慵午倦谁相伴，猫枕桃笙苦竹床"，既描述了猫的特性，又描述了猫的陪伴性；秦观在《蝶恋花·紫燕双飞深院静》中则用"雪猫戏扑风花影"描述了猫儿灵动的特点，像极了现代人用逗猫棒在跟猫儿玩耍。猫因为捕鼠的天性为普通农家所认识和喜欢，又因其陪伴性而让都市人视其为宠物。作家郑振铎于1925年创作的一篇散文《猫》，被选入人教版《语文·七年级·上册》课本，为莘莘学子所熟悉。中

国现代作家、文学研究家钱钟书也曾将猫入诗，他写道："应是有情无着处，春风蛱蝶忆儿猫。"

据传家猫最早的祖先是古埃及的沙漠猫或者波斯的波斯猫，驯化的历史已有3500年，但人类始终未能像驯化狗一样完全驯化猫。基因分析显示，相比狗，猫在基因上与它们祖先之间的分异并没有变得很大，这就意味着它们的大脑可能仍然延续了部分野猫的思维方式。世界上现有猫品种35种左右，分长毛种和短毛种两类。猫是天生神经质和行动谨慎的动物，一般喜爱孤独而自由的生活。猫是非常懂得感恩且很孝顺的动物，从小被养大的猫，为了报答主人的恩情，会在野外捕猎老鼠和各种小昆虫，带回家给自己的主人，表达自己对主人的感恩；小猫们在猫妈妈变老时，会将自己的食物分享给自己的母亲，自己宁愿饿着肚子。英国作家海明威（Ernest Miller Hemingway）说："猫完全忠实于自己的情感。而人类，因为这样那样的理由，可能隐藏自己的感受。而猫则不会。"

虽然猫喜欢独处，看上去有些"高冷"，显得有一点神秘，但它却帮助科学家破解了很多科学秘密，并仍在帮助我们了解和认识那些困扰着人类的疾病。研究发现，与人类的大脑相比，猫的大脑很小，仅占体重的0.9%（人平均为2%，狗平均为1.2%），但猫大脑的表面折叠和我们人类有90%的相似度。

虽然猫在19世纪末才开始被用作实验动物，但因不易成群饲养，繁殖也较为困难，且猫发情期有心理变态，饲养中涉及的动物心理学问题给繁殖带来困难，加上一些欧美国家将猫、狗作为家养的玩赏动物，对猫、狗用于实验研究限制很大。因此对猫品种的培育远比鼠类、兔子少得多。因为长毛猫易污染实验环境，且体质较弱，实验耐受性差，所以实验用猫主要是短毛猫。目前，国内已有少数单位开始饲养、繁殖猫，并用作实验动物，如华北制药实验动物中心的李锦铭等人，经过多年选育，培育出虎皮猫用于药品检验。猫在生物医学研究中的应用主要有四个方面。一，生理学研究，猫具有极敏感的神经系统，

头盖骨和脑的形状固定，是脑神经生理学研究的绝好实验动物；二，药理学研究，猫血压稳定，血管壁坚韧、心搏力强、便于手术操作，能描绘完好的血压曲线，适合进行药物对循环系统作用机制的分析，在降压药的作用机制中，猫作为经典的实验模型已存在近 30 年；三，疾病研究，猫是诊断炭疽病，进行阿米巴痢疾、白血病、血液恶病质研究的最佳材料；四，疾病动物模型，用猫可制备很多疾病的动物模型，如弓形虫病、Klinefelter 综合征，先天性吡咯紫质沉着症、白化病、耳聋症、脊柱裂、病毒引起的营养不良、急性幼儿死亡综合征、先天性心脏病、草酸尿、卟啉病等。

　　弓形虫是猫科动物的肠道球虫，猫科动物是它的中间宿主和终末宿主。从 1982 年起，位于马里兰州贝尔茨维尔的美国农业部农业研究服务实验室的科研人员就在实验室养殖实验猫，他们给实验猫喂食被弓形虫污染的生肉，故意让猫感染上弓形虫，开展了一系列针对弓形虫的研究，希望借此找到对抗弓形虫的方法。不过，美国的弓形虫实验没有取得任何重大突破，2019 年 4 月美国农业部正式宣布弓形虫实验已被重新定向，不会再用猫进行实验，也不会恢复这样的实验。根据 OMIA 数据库最新统计，在猫科动物身上发现了 361 种遗传疾病，其中 227 种有望开发成人类同种疾病的动物模型，其中猫科动物癫痫、高血脂、软骨发育不良、部分肿瘤、艾滋病等疾病的发病机制与人类尤为类似。更加受到研究人员关注的是，猫拥有与人类结构高度相似的 ACE2 受体，该受体为 SARS 和新冠肺炎病毒感染人体的主要受体，这使得猫具有感染 SARS 和新冠肺炎的潜在可能。为了验证猫是否有"九条命"，澳大利亚的一位科学家做了一个非常残忍的实验，他在纽约的一栋 32 层建筑物里，将 150 只猫分别从不同楼层扔了下去。最后这个科学家发现一共有十几只猫死掉了，其他的猫在坠楼后都安然无恙。从这个实验中这位科学家发现猫有着异常发达的平衡能力和对身体的保护能力，在掉落的过程中，猫的内耳能够使它快速地分辨位置然后调整好下降姿势。另外猫的脚掌有一层厚厚的肉垫，能够有效地避免振动

对身体所造成的伤害。在七八层坠落的猫，主要因为没有足够的时间调整姿势，所以出现了死亡。

在城市中，猫更多地被作为宠物，现代人爱猫，对猫的痴迷可谓非同一般。季羡林先生将其散文集命名为《月下清荷檐下猫》，其笔下的老猫虎子被大师赋予了灵气，更像大师对生命的描述；歌手梁咏琪发行了《怕寂寞的猫》专辑，化身成被抛弃的猫，呼吁大家不要弃养宠物；2018年的"神曲"《学猫叫》，更是引发了全民的"喵喵喵"。

赞实验鸡

五德君子多诗篇，

无头麦克活久见。

霍乱减毒活疫苗，

劳斯肉瘤癌首现。

鸡港同名曰来航，

诺贝尔奖多试剑。

先鸡先蛋问千年，

真理还需再实验。

鸡／第**10**节

中国是世界上最早养鸡的国家之一，也是最早发现鸡有药用价值的国家。在甘肃天水西山坪大地湾一期文化中，就发现距今8000年左右的家鸡。在中国，鸡文化源远流长，内涵丰富多彩：鸡是一种身世不凡的灵禽，凤凰的形象就来源于鸡；魏晋时期，鸡成了门画中辟邪、镇妖之物，因为鸡头上有冠、足后有距、敌前敢拼、见食相呼、天明报晓，寓意分别代表"文武勇仁信"，被称为"五德君子"；晋代祖逖"闻鸡起舞"的励志故事流传千古，激励了一代又一代青年人奋发图强。

鸡是人类最早驯养的动物之一，驯养历史可以追溯到6000多年以前。考古发现，1972年在河北武安磁山文化遗址发现的鸡骨年代可以追溯到8000年前，在6000年前的仰韶文化时期西安半坡遗址里发现有鸡骨遗骸，在4500～6000年前的大汶口文化时期邳州大墩子遗址曾出土过一只伏窝生蛋的陶鸡模型，在大约5000年前的屈家岭文化遗址里也发现有陶鸡模型。

以鸡入诗，以鸡言志，最早可追溯到《诗经》《王风·君子于役》《郑风·女曰鸡鸣》《郑风·风雨》《齐风·鸡鸣》。有人做过统计，《全唐诗》中含有"鸡"字的诗竟有近千首，比如白居易的"小宅里闾接，疏篱鸡犬通"，李贺的"我有迷魂招不得，雄鸡一声天下白"，李廓的"长恨鸡鸣别时苦，不遣鸡栖近窗户"。鸡还是画家笔下的最爱，在历代著名画家的笔下，鸡儿们也展示着不同的风采，不同的侧面，精彩纷呈，精妙绝伦。有雄姿英发、昂首阔步的大公鸡，有相依相偎、深情绵绵的鸡情侣，有母爱爆棚、亲情融融的鸡一家子，还有怒发冲冠、奋力搏斗的激烈场景。即使是不怎么画花鸟的山水画家、人物画家，偶尔也会画一些公鸡、母鸡或者毛茸茸的雏鸡应应景，凑凑趣。

雄鸡必胜的气魄与一唱天下白的英姿常被演绎为男性勃勃生机的魅力象征。作为"五德"之禽，鸡也成为带来光明、驱逐邪魔的象征。中国历代知识分子，往往以"风雨如晦，鸡鸣不已"来激励自己，在艰难恶劣的环境中也要坚守节操，努力奋斗。1933年，蔡元培借用"风雨如晦，鸡鸣不已"，号召北大学生在国难当头的危急时刻奋起抗争，承担起知识分子对国家的责任。1937年初春，日本帝国主义即将发动侵华战争，著名画家徐悲鸿创作了国画《风雨鸡鸣》，画中在晦暗如墨、风雨交加的背景之下，一雄鸡矗立于岩石之上，仰天长鸣，画的左端也题写了《诗经·郑风·风雨》的第三章："风雨如晦，鸡鸣不已，既见君子，云胡不喜。"这首两千多年前的古老诗歌，在20世纪又成为中国人抗日救亡的呐喊。1950年10月，有感于新中国成立，中国人民从此站了起来，人民自此当家做主，毛泽东同志在《浣溪沙·和柳亚子先生》中用"一唱雄鸡天下白，万方乐奏有于阗"来表达中国共产党开创中国历史崭新局面的革命豪情和对新中国繁荣昌盛、安定团结的坚定信心。

鸡作为实验动物是从1789年巴斯德用鸡研究鸡霍乱开始的。巴斯德发现，鸡霍乱弧菌经过连续几代培养，其毒力可降低，将这种减毒菌接种到鸡身上后，鸡不但没有致病，反而还获得了对霍乱弧菌的免疫力，进而发明了首个细菌减毒活疫苗。1902年，威廉·贝特森（William Bateson）用鸡验证了动物遗传遵循孟德尔遗传定律。通过对鸡的研究，科学家们揭示很多生命现象，几位科学家也因鸡而与诺贝尔奖结缘：通过对鸡"脚气病"的研究发现了维生素B1，荷兰病理学家克里斯蒂安·艾克曼（Christiaan Eijkman）和英国生物化学家弗雷德里克·霍普金斯（Sir Frederick Gowland Hopkins）分享了1929年诺贝尔生理学或医学奖；通过对鸡血凝固时间的研究发现并区分了维生素K1和K2，丹麦生物化学家、生理学家亨利克·达姆（Carl Peter Henrik Dam）和美国生物化学家爱德华·阿德尔伯特·多伊西（Edward Adelbert Doisy）分享了 1943 年的诺贝尔生理学或医学奖；通过对鸡的研究发现了肿瘤病毒，美国微生物学家弗朗西斯·佩顿·劳斯（Francis Peyton Rous）获得了 1966 年诺贝尔生理学或医学奖；通过对鸡胚肢体切除后髓内神经元生长的研究发现了"神经生长因子"，意大利神经生物学家丽塔·列维–蒙塔尔奇尼（Rita Levi-Montalcini）和美国生物化学家斯坦利·科恩（Stanley Cohen）分享了 1986 年的诺贝尔生理学或医学奖。

人类对癌症生物学的很多重要认识是从一只鸡开始的。1909 年 9 月的一天，在洛克菲勒医学院任职的劳斯收到了一只胸部长有肉瘤的鸡，鸡的主人希望将肿瘤切除让鸡能活下去。1909 年 10 月 1 日，劳斯给这只鸡做了肉瘤切除手术，满足了鸡主人的心愿，但是不久后这只鸡又重新长出了肉瘤，最终还是死了。劳斯利用这只鸡的肉瘤开展了一系列实验，他发现，无论是把病鸡的肉瘤组织直接植入到其他健康的鸡身上，还是把肉瘤组织碾碎、过滤肿瘤细胞和细菌后再植入，被接种的鸡都长出了肉瘤。据此，1911 年 1 月 21 日劳斯发表研究报告指出癌肿瘤是由病毒所引起的。劳斯是世界上首个提出鸡的肉瘤是由病毒引起的而病毒是癌症起因的人。从此，这个病毒被命名为劳斯肉瘤病毒（Rous Sarcoma Virus，RSV）。基于对劳斯肉瘤病毒的研究，科学家们先后发现了逆转录病毒、证实了 RSV 是一种 RNA 病毒、发明了核酸杂交技术、创立了原癌基因理论等。人们最终达成共识：无论是病毒感染还是物理化学因素的刺激，都是通过诱导基因突变将原癌基因激活为癌基因或者使抑癌基因失活，最终引发癌症的发生。

由于鸡具有繁殖快、卵生、胚胎在体外孵化、容易控制、易进行实验操作、成本低等特点，深受生物、医学等领域研究者的喜爱。用于实验的鸡，主要品种是产白壳蛋的来航鸡，原产于意大利，19 世纪中叶由意大利来航港（Leghron）传往国外。来航鸡体型紧凑，全身羽毛白色、鲜红色单冠，公鸡鸡冠直立，母鸡鸡冠多偏向一侧。来航鸡 1835 年传入美国，1874 年被列为一个品种，经过长期改良，现已在全世界普及，成为蛋用鸡高产品种。中国在 20 世纪 20 年代和 30 年代初期先后几次引进该品种，现已遍布全国各地。

1950 年，首个商业性 SPF 鸡群在美国 Sunrise Farms 建立。目前，在国际市场上，SPF 鸡产业已被美国查士利华（Charles River）、德国 Lohmann 和美国 Sunrise Farms 三大公司垄断，其生产量和销售量约占全球的 80% 以上。中国是 SPF 鸡和 SPF 种蛋潜在需求大国，1985 年山东省农业科学院家禽研究所成功培育出国内第一个 SPF 鸡群，1991 年又建成了当时亚洲规模最大的 SPF 鸡场——山东无特定病原鸡实验种鸡场。此后，国内 SPF 鸡生产企业和单位不断增加，规模不断扩大。1999 年 11 月，由中国农业大学、农业部中监所和山东省农业科学院家禽研究所联合起草的 GB/T 17998-1999《SPF 鸡 微生物监测总则》颁布，后于 2008 年进行修订，对中国 SPF 鸡产业的发展起到了积极的推动作用。截至目前，国内大小 SPF 鸡饲养场已达到近二十家。

鸡生蛋，但蛋孵化出来的却不一定是鸡，也可能是疫苗。鸡胚（蛋）具有低抗性甚至无抗性，注入的病毒不会被鸡胚自身的抵抗力所杀死，通过鸡胚培养出来的病原微生物经过灭活，成为灭活疫苗或者减毒活疫苗制作的原料。

鸡胚的壳为白色，透光性好，在暗室光源的照射下，可以清晰地看到鸡胚里的血管等，很容易剔除弱胚、死胚等。鸡胚培养（egg-based）的技术比组织培养更容易成功，动物来源比接种动物容易，无饲养管理及隔离等方面的特殊要求。鸡胚一般无病毒隐性感染，同时其敏感范围广泛，多种病毒均能适应，因此鸡胚培养是一种常用的培养疫苗方法。

在古往今来的"芸芸众鸡"中，能留下名号、树立雕像的鸡也是有的。1945 年，美国一只公鸡被斩掉头部后却阴差阳错保留了 80% 的大脑和完整的脑干、小脑，之后这只鸡继续生存了 18 个月，被称为无头鸡麦克。美国科罗拉多州弗鲁塔市的人们为了纪念这只鸡，专门为它打造了一尊雕像，并且每年固定时间举行与它相关的纪念活动。在节日上，人们穿着无头鸡的服饰进行比赛、跳舞等各种活动。

《数鸭子》
实 验 动 物 版

门前大桥下，

游过一群鸭，

快来快来数一数，

二四六七八。

嘎嘎嘎嘎

真呀真多呀，

数不清到底多少鸭，

数不清到底多少鸭。

实验动物家，

也有一群鸭，

快来快来弄清楚，

它的作用大。

嘎嘎嘎嘎

真呀真大呀，

科学的实验要用鸭，

科学的实验要用鸭。

鸭

第 **11** 节

　　鸭是世界上饲养最多的家禽之一，与普通人的生活密切相关。"春江水暖鸭先知"这一千古名句细致逼真地抓住了大自然中节气变化的特点，生动形象地勾画出一幅江南早春的秀丽景色。春天来临鸭子早早知道江水变暖，比喻身临其境才能知道事实，或实践出真知。

　　鸭子的前身是能飞翔的鸟，在没有被驯化之前，它的名字叫"凫"。在古人的笔下，凫都是跟大雁和仙鹤并排飞翔在一起的。西汉时期的《礼记》曾给出这样的定义："凫，野鸭是也；鹜，家鸭是也。"在《说文》里，鹜就是经过人工驯化，飞翔较为缓慢的鸭子。凫和鹜在古诗中也是常见的题材，例如"雁叫疑从清浅惊，凫声似在沿洄泊""野水初盈沼，舒凫亦伴游"等。因为"甲"与"鸭"谐音，"鸭"寓意科举之甲，所以有些地方民间艺术中，常描绘鸭子游弋水上，旁配芦苇或蟹钳芦苇，寓意中举；对出远门的行人，会赠送鸭子或螃蟹，祈祷其前程远大。

从众多家鸭品种的生物学特性、形态特征和染色体核型的研究结果看，家鸭的祖先公认起源于鸭属中的绿头鸭和斑嘴鸭。实际观察可见，家鸭的外形和生活习性与其野生祖先有许多相近之处。据考证，鸭的驯化至今大约已有7000多年的历史。中国是世界上驯养鸭最早的国家，湖北省天门市石家河遗址、福建武平岩石门丘山的新石器时代陶鸭和河南安阳殷墟妇好墓出土的玉鸭、石鸭等，表明中国驯养鸭至少有3000多年的历史，比欧洲最早记载的养鸭早十多个世纪。至公元前1000年左右的西周时期，中国考古发现的养鸭遗址更多，如辽宁海岛营子和喀左小转山子出土的铜质鸭形尊，其颈长、身肥、嘴扁，酷似现在的鸭；江苏句容浮山果园，出土了不少鸭蛋和禽骨，其鸭蛋和鸡蛋混放，装在陶罐中，大小也和现代家鸭蛋相近。

在中国，鸭是人们生活所必需的肉、蛋资源的重要来源，年饲养量已突破四十亿只，为提高中国人民物质生活水平做出了重要贡献。我们在各类典籍里经常能"吃"到各种各样的鸭子，譬如南京的盐水鸭、四川的樟茶鸭、山西的香酥鸭、北京的挂炉烤鸭、湖南的临武鸭等等，甚至诗仙李白秘制了太白鸭获得了唐玄宗的欣赏，无为熏鸭也可以与明太祖朱元璋扯上关系。

奥地利比较心理学家、动物行为学创始人康拉德·洛伦茨（Konrad Lorenz）被人们称为"鸭妈妈"。洛伦茨从小就喜欢观察鸟兽鱼虫等各种各样的动物，他发现小鸭在出生后就跟随着鸭妈妈，妈妈去哪里，它也去哪里；但如果小鸭子孵出来后，第一眼不是看到鸭妈妈，而是看到他，小鸭就会把他当作妈妈，一直跟着他。洛伦茨对雏鸭进一步研究发现，小鸭总是跟随它第一眼看到的运动物体。经过多年的研究后，洛伦茨将小鸭总是跟随它第一眼看到的运动物体的现象称之为"铭印"（Imprinting），指的是在动物发育的一个特定阶段，动物会对某个对象产生铭刻在心的印象，从而依附于这个对象。这种铭印现象有很显著的特征：首先，"印刻"一旦形成，就再也用不着加强，它将在动物心中难以磨灭；其次，铭印是不可逆的，没有办法重来；最后，铭印现象发生的时间（关键期）非常短暂，甚至只有几个小时，如果错过了就再也没有机会了。由于在个体和社会行为的构成和激发方面做出了重大的贡献，洛伦茨和德国动物学家卡尔·冯·弗里施（Karl Ritter von Frisch）、荷兰动物学家尼古拉斯·廷贝亨（Nikolaas Tinbergen）分享了 1973 年的诺贝尔生理学或医学奖。洛伦茨的一生几乎是在与虫鱼鸟兽的亲密对话中度过的，他所发现的动物行为关键期和先天释放机制在儿童教育与儿童发展研究上具有非常重要的价值，他的许多方法和概念已经被应用在人类行为的研究上。洛伦茨还是一位致力于科学普及的作家，著有《鸟类世界的伙伴》（*The Companion in the Bird's World*）、《所罗门王的指环》（*King Solomon's Ring*）、《攻击的秘密》（*On Aggression*）、《狗的家世》（*Man Meets Dog*）、《灰雁的四季》（*The Year of the Greylag Goose*）等科普著作，德国《明镜》周刊（*Spiegel*）评论他是"动物精神领域的爱因斯坦"。

鸭比鸡更神经质，性急胆小，易受外界突然的刺激而惊群，尤其会对人、畜及偶然出现的色彩、声音、强光等刺激感到害怕而反应强烈。鸭生活能力强，对不利的环境条件和应激因素有较强的适应能力，鸭会自然感染的常见家禽传染病种类比鸡少 1/3 左右，适于人类疫苗的生产和检验以及进行种属屏障相关研究。作为实验动物，鸭可用于生理学、病毒学、内分泌学、营养学、药理学等研究，可用作肝炎动物模型的建立，同时也是禽流感、小鹅瘟、新城疫、鸡传支、呼肠孤等疫苗研制与生产的重要原料。由于鸭乙型肝炎病毒（DHBV）与人乙型肝炎病毒（HBV）在生物学特性和致宿主肝脏疾病方面非常相似，因此鸭乙型肝炎动物模型是研究人病毒性肝炎较理想的模型，国内外在此方面的研究取得了丰富的成果。鸭的脂肪肝动物模型也越来越受到重视。在医学、兽医学的药理、生理实验中使用鸭作为实验动物，不但能够达到实验目的，取得令人满意的实验效果，而且由于饲养与使用操作方便，可以大大节省实验成本。

从 2005 年起，中国农业科学院哈尔滨兽医研究所开始培育 SPF 鸭，以中国优秀地方培育品种国绍 I 号为基础，全部生命周期都饲养于正压隔离器中，经过种卵灭活疫苗免疫、阻断物流（人流）污染、钴 60 辐照饲料和酸化饮水等措施，以闭锁群方式繁殖。经过分子遗传学分析、组织学分析、疫病敏感性实验、生化位点、解剖学数据测定、生理生化数据测定和 MHC 基因遗传学结构分析，已育成成熟、稳定的 SPF 鸭群。哈尔滨兽医研究所培育的 SPF 鸭是国内唯一的 SPF 种鸭群，命名为 HBK 鸭，在禽病研究中发挥了重要作用，排除了鸭病毒性肠炎等 9 种疫病。

针对 SPF 鸭的特殊生长状况和生长环境，国内现行的标准中没有对 SPF 鸭的饲料营养水平进行规范，其饲养标准化的研究落后于国外，限制了其在生命科学方面的应用，相关科研成果也很难得到国际上的认可。为了改变这种状况，保证利用 SPF 鸭开展的动物实验结果的

重复性和稳定性，2017 年 5 月全国实验动物标准化技术委员会编制了团体标准 T/CALAS 17-2017《实验动物 SPF 鸭配合饲料》和 T/CALAS 18-2017《实验动物 SPF 鸭微生物学监测总则》，前者的制定参考了行业标准 SB/T 10262-1996，于 2017 年 5 月 19 日实施；后者规定了 SPF 鸭的微生物学种类及其检测程序、检测规则、结果判定和检测报告等要求，适用于 SPF 鸭和鸭胚的微生物学控制。《实验动物 SPF 鸭微生物学监测总则》规定排除的疫病项目包括 9 种，分别是沙门菌感染、禽霍乱、鸭传染性浆膜炎、网状内皮组织增生病、减蛋综合征、鸭病毒性肝炎、鸭病毒性肠炎、禽流感和新城疫；规定检测样品包括鸭血清、全血、鸭胚、咽拭子和泄殖腔拭子，首次检测从 4～8 周龄开始，每世代至少检测 2 次；要求对所有饲养单元的鸭进行全部项目的检测，每个饲养单元按 15% 的比例抽样，全部项目的检测结果均为阴性者，判为合格，其余判为不合格。此外，2017 年黑龙江省实验动物专业标准化技术委员会制定了 DB23/T 2057.6-2017《实验动物鸭饲养隔离器通用技术要求》。该标准规定了实验动物鸭饲养隔离器的术语和定义、结构、形式和尺寸、通用技术要求、检验方法，适用于饲养无特定病原体鸭和无菌（悉生）鸭的隔离器，经黑龙江省质量技术监督局同意发布，于 2018 年 1 月 29 日实施。

除了经典的 20 世纪 80 年代的儿歌《数鸭子》，"鸭子" 偶尔也会出现在小说、歌曲的标题中，代表了作者的某种寓意。著名作家、历史文物研究者沈从文，曾于 1926 年 11 月出版了诗文集《鸭子》，包括小说 9 篇、散文 7 篇、戏剧 9 部和诗歌 5 首，《鸭子》是其中的一个短剧题目。

赞实验用雪貂

白马皂貂留不住，

貂裘吟罢君何去？

实验动物需关注，

伦理标准底线处。

雪貂 第12节

"不惜千金买宝刀，貂裘换酒也堪豪"是近代民主革命先驱秋瑾女士在《对酒》一诗中，借诗言志、以诗抒怀的佳句。"泪满黑貂裘""蟾亦恋貂裘""锦帽貂裘，千骑卷平冈""尘暗旧貂裘"，"貂裘"两字在李白、杜甫、苏轼、陆游等诗词大家的名作中司空见惯、屡见不鲜。

雪貂，又称"貂鼠"，属珍贵毛皮动物，似家猫大小，但较细长，四肢短健，喜安静，多独居。貂主要分布于美国阿拉斯加、加拿大东部、中国东北、蒙古国和俄罗斯西伯利亚地区。研究表明，雪貂最初有可能是驯养自欧洲野生林貂，也有可能是艾鼬的后裔，或是两者的混种，原产南欧、地中海沿岸等地。通过线粒体 DNA 分析发现，雪貂约于 2500 年前就被驯化，最早可追溯到古埃及。据记载，贵族以原生种鼬鼠为宠物，文艺复兴时期的欧洲就开始有贵族将雪貂驯养为家养小宠物，达·芬奇的名画《抱银鼠的女人》（Lady with an Ermine）中，米兰莫罗公爵的情人就怀抱着一只漂亮的雪貂。

雪貂的身形略显修长，呈流线型，身体浑圆，没有任何尖角或扁平的地方，皮毛柔软有光泽。凭借顽皮的眼睛和甜美的面孔，雪貂无疑是可爱的。据悉，宠物貂是位于犬、猫之后世界第三大宠物。经过人类几千年的基因改良，宠物雪貂非常温顺，在欧美和日本，养雪貂成了一种时尚的风潮，美国养貂人口高达 800 多万。宠物貂不仅拥有属于自己的俱乐部，还有定期为其举办的"奥林匹克运动会"。雪貂是兔子的天敌，罗马帝国元首屋大维曾于公元前 60 年命令将雪貂等动物送到巴利阿里群岛控制兔患；1877 年，新西兰的农夫曾引进雪貂来控制兔子的数量；2009 年，芬兰首都赫尔辛基尝试使用雪貂来限制兔子的数量。在伦敦等地，也有利用雪貂细长的身躯来铺设电线及电缆的情况，例如查尔斯及戴安娜婚礼的电视广播就是靠雪貂来铺设电线。在新西兰，甚至有些雪貂被注册为电工助手。

大多数雪貂的寿命大约 6 ～ 8 年，一些宠物雪貂可以活到 12 年。雌性雪貂通常可以长到 33 ～ 36 厘米长，重量在 0.3 ～ 1.2 千克之间。雄性雪貂通常略大。它们通常能长到 38 ～ 41 厘米长，如果绝育则重 0.9 ～ 1.6 千克；如果没有被绝育，它们可以长得更大一些。据研究，母雪貂是一种被诱导的排卵动物，因此需要通过交配来让母雪貂不再发情。从未交配过的母雪貂如果不交配，将会继续发情，体内出现高水平的雌激素，持续一段时间之后，将会导致其骨髓停止产生红细胞，最后患上再生障碍性贫血而死亡。

雪貂首次用于流感病毒感染动物模型是在 1933 年，人们逐渐认识到雪貂在许多方面跟人类十分相似，例如大脑功能的生理特征（具有脑的沟回结构，而小鼠却没有）、生殖生物学特征以及癌症、流感病毒感染和囊性纤维化等多种疾病的病理特征，是一种研究人类疾病的优秀动物模型。雪貂是目前为止已知的对流感病毒最为敏感的动物模型，美国、英国、韩国等国家将雪貂应用于流感病毒研究的技术已非常成熟，主要包括基础研究、疫苗和抗血清制作、新药开发等。对其他一些病毒性疾病，雪貂也提供了独特的合适模型，如麻疹、疱疹性口炎、阿留申病和牛鼻气管炎。此外，雪貂还被应用于毒理学、病毒学、生殖生理、药理学等研究。最新研究表明，雪貂还作为小脑发育不全、流行性感冒动物模型来研究相应的人类疾病。

雪貂的一些生理特性使其成为某些生理学研究较为理想的实验动物：雪貂的肺对缺氧很敏感，一旦缺氧，肺血管强烈收缩，这使得雪貂成为非常好的研究高血压的实验动物；相对于其体长和体重，雪貂的肺容量很大，气管的横截面积也很大，是生理学和毒理学研究的优秀动物模型；雪貂的幽门螺杆菌自然感染可致胃炎和粘膜溃疡，因此可以用于研究胃溃疡的发病机理和人类幽门粘膜分泌物；雪貂脂蛋白和人类脂蛋白的相似性使之成为研究脂类代谢特别是消化性脂肪酶分泌最理想的动物模型。

2015 年，江苏省率先制订发布了地方标准 DB32/T 2731–2015《实验用雪貂》，该标准适用于实验用雪貂生产、实验场所的环境条件（普通环境）及设施的设计、施工、检测、验收及经常性监督管理。根据该标准，2017 年江苏省科学技术厅颁发了国内首个实验动物雪貂生产许可证。雪貂作为实验动物，前景越来越好。据中国实验动物信息网的查询结果，成都康城新创生物科技有限公司、成都华西海坼医药科技有限公司、中国医学科学院医学生物学研究所、通药明康德医药科技有限公司、保诺生物科技（江苏）有限公司已依法获得了雪貂的使用许可证。

2015 年 11 月，中国科学院生物物理研究所王晓群研究组与同济大学高绍荣研究组合作，利用 CRISPR/Cas 系统，通过共同注射 Cas9 mRNA 和 sgRNAs 到单细胞期胚胎中，以高达 73.3% 的效率生成了 Dcx、Aspm 和 Disc1 任一基因双等位基因突变的雪貂。有趣的是，携带 Dcx 突变的雪貂显示出与人类患者相似的无脑回表型。这些结果证实了雪貂可以极佳地模拟出在啮齿类动物系统中无法获得的人类遗传疾病表型。

雪貂还是儿童文学关注的对象，澳大利亚儿童文学作家瑞贝卡·艾略特（Rebecca Elliott）著绘的绘本故事《敢于挑战的小雪貂》，通过讲述小雪貂写书的故事，告诉大家只要有梦想和勇气，并且去坚持就能创造奇迹，只要有决心就没有办不成的事情。

豚非豚，鼠非鼠

豚非豚，鼠非鼠。

驯化早，源秘鲁。

实验动物最代名！

替难人类当歌赋。

豚鼠 第 **13** 节

豚鼠，又名天竺鼠、海猪、荷兰猪、几内亚猪，是无尾啮齿动物，身体紧凑，短粗，头大颈短，四肢短小。据说在公元前 5000 年，南美洲安第斯山脉地区的土著部落首先饲养驯化豚鼠作为食物来源。大约从公元 1200 年到 1532 年西班牙人入侵南美洲前，人们对家养的豚鼠进行选择性繁殖，奠定了现代人工繁殖豚鼠的基础。南美洲有关豚鼠最早的文字记录可以追溯到公元 1547 年的圣多明哥，欧洲有关豚鼠的首次记载是 1554 年，出自瑞士自然学家康拉德·格斯纳（Conrad Gesner）之手。豚鼠的学名于 1777 年首次被德国博物学家约翰·克里斯蒂安·波利卡普·埃克斯勒本（Johann Christian Polycarp Erxleben）在《动物系统》（*Systema Regni Animalis*）一书中采用，是其动物学上的种名和属名的结合体。

豚鼠的体型接近一只小兔子，体长 20～25 厘米，体重 1 千克左右，是一种群居的啮齿类动物。它们圆滚滚的身体像小猪，面孔像去掉了长耳朵的兔子，没有尾巴。豚鼠是素食主义者，虽然几乎没有攻击力，但仍然靠着强大的繁殖力延续着它们的种群。豚鼠由于性格温顺、长相憨厚可爱、容易人工饲养，在

16 世纪欧洲商人将其带回西方国家时，受到了人们的欢迎，迅速成为上层社会和皇室的时髦宠物。现在，豚鼠虽然在野外已经灭绝了，但是作为宠物却分布在世界各地。

豚鼠用于科学实验最早可追溯到 17 世纪，意大利生物学家马尔切洛·马尔皮吉（Marcello Malpighi）和卡洛·弗兰卡塞提首先对豚鼠进行了活体解剖。1780 年，法国化学家、生物学家安托万－洛朗·德·拉瓦锡（Antoine-Laurent de Lavoisier）在他的热原质实验中使用了一只豚鼠；这只豚鼠呼出的热气融化了热量计附近的雪，表明呼吸时的气体交换是一个燃烧的过程，如同蜡烛燃烧一样。19 世纪以前，坏血病是导致船员死亡的"第一杀手"，英、法等国航海业也因此处于瘫痪状态，在征服坏血病和最终发现了维生素 C 的过程中，豚鼠起到了重要作用。1907 年，挪威医生阿克塞尔·霍尔斯特（Axel Holst）和特奥多尔·弗勒利克（Theodor Frølich）研究渔民由于营养缺陷引起的脚气病，他们想用豚鼠作为脚气病的动物模型来进行实验，结果意外地发现，在给豚鼠喂食单纯由谷物和面粉构成的饲料时，豚鼠发生了典型的坏血病症状，而喂食新鲜苹果、卷心菜、柠檬汁以后，症状就得到改善。1932 年，匹兹堡大学的查尔斯·葛兰·金（Charles Glen King）和威廉·沃（W. A. Waugh）从柠檬汁中分离出一种结晶状物质，并证明这种物质在豚鼠体内具有抗坏血酸的活性。这一实验标志了维生素 C 的发现，也证实了百年来坏血病的祸根源于维生素 C 的缺乏。除了豚鼠、猴子和人类，大多数动物体内都可以自行合成所必需的维生素 C，不会因为食物中缺少维生素 C 而发生坏血病。

豚鼠参与过多次太空航行，1961 年 3 月 9 日苏联首次把豚鼠放进史泼尼克 9 号生物卫星。1990 年 10 月 5 日，我国发射了返回式生物卫星 FSW-1-3，

该卫星搭载了豚鼠和各类植物，8 天后卫星被成功回收。

豚鼠为德国医学家埃米尔·阿道夫·冯·贝林（Emil Adolf von Behring）赢得历史上第一个诺贝尔生理学或医学奖立下了汗马功劳。19 世纪白喉曾被称为"扼杀天使"，全球每年有数十万儿童因其死亡。受中医的"以毒攻毒"原理的启发，1889 年贝林在德国医学年会上提出了"抗毒素免疫"的概念。贝林在豚鼠体内注射白喉棒状杆菌，使它们患上白喉，再从患病存活的豚鼠身上抽取血液，分离出血清，最后将这种血清注射给刚受到白喉棒状杆菌感染的豚鼠，在历经了 300 多次失败后，新感染白喉的豚鼠奇迹般地痊愈了。1891 年 12 月 20 日，经患儿父母同意，贝林在柏林大学附属诊疗所给一位濒死的白喉患儿注射了一针白喉抗毒素血清，第二天患儿病情明显好转，四天后孩子的父母在病床边同女儿一起庆祝圣诞，一周后患儿痊愈出院。圣诞节加上难以置信的良好效果，给这次医疗活动造成了相当大的轰动，时人称之为"圣诞节大拯救"。为了表彰贝林的突出成就，1901 年诺贝尔奖评委会将第一届生理学或医学奖授予贝林："他的血清疗法，尤其在预防白喉方面的应用为医学科学领域开辟了新的道路；从此，医生们在面对病痛和死亡时有了制胜的武器。"

豚鼠是实验动物的代名词，在英语中，豚鼠（Guinea pig）的另一个意思就是"实验对象"。豚鼠可根据毛的特性不同分为短毛、硬毛和长毛 3 种，经过人工驯养，现已培育出英国种、阿比西尼亚种、秘鲁种和安哥拉种等。用于实验的主要是英国种豚鼠，其他种的豚鼠抵抗力较差，很容易感染疾病，均不适宜用作实验动物，可用作观赏动物。在 1780 年拉瓦锡用豚鼠做热原质实验之后，豚鼠在科学研究用动物中占有了越来越突出的地位。

豚鼠的被毛粗度和人类的毛发几乎

相同，皮肤与人类相近，拥有许多和人类的共同点，目前豚鼠在实验动物的使用量上占第4位。作为实验动物，豚鼠主要应用的领域有以下几类。一，免疫学研究，豚鼠血清中含有丰富的补体，是所有实验动物中补体含量最多的一种动物，其补体非常稳定，免疫学实验中所用的补体多来源于豚鼠血清。二，过敏反应灵敏研究，在常用的实验动物中，豚鼠对于致敏物质的反应最敏感，其后依次是兔、犬、小鼠、猫、蛙等。给豚鼠注射马血清，很容易复制出过敏性休克动物模型。三，传染病研究，豚鼠对多种病原体敏感，常用于病原的分离及诊断。四，药物学研究，豚鼠妊娠期长，胎儿发育完全，幼鼠形态功能已成熟，适用于药物或毒物对胎儿后期发育影响的实验。豚鼠对多种抗生素类药物非常敏感，是研究抗生素如青霉素的专门动物。五，营养学研究，豚鼠体内不能合成维生素C，对其缺乏十分敏感，是研究实验性坏血病和维生素C生理功能的理想动物模型和维生素C生物学检测的标准动物。六，耳科学研究，豚鼠耳壳大，存在明显的听觉耳动反射，耳窝对声波极为敏感，特别是对700~2000赫兹的纯音最敏感，常用于听觉和内耳疾病的研究。七，悉生学研究，由于可准确查知豚鼠剖腹产时间，幼仔发育完全，易成活，豚鼠常用于悉生生物学的研究。八，观察出血和血管通透性，豚鼠的血管反应敏感，出血症状显著，如辐射损伤引起的出血综合征在豚鼠身上表现得最明显。豚鼠对缺氧的耐受性强，适于作缺氧耐受性和测量耗氧量实验。

目前中国各研究教学单位使用的豚鼠多为短毛的英国种豚鼠，不同毛色的英国种豚鼠杂交可形成不同的变种。从1993年起，广州第一军医大学实验动物中心陆续发现了一些全身雪白的豚鼠，经过多年培育形成了FMMU白化豚鼠品系。这种豚鼠全身雪白，眼睛绯红，血管和免疫反应较好，常用于皮肤急、慢性毒性实验和皮肤刺激实验。浙江大学医学院经过十几年的努力，通过杂交技术利用花色DHP豚鼠选育出白化豚鼠，其遗传稳定，个体一致性好，对组胺等化学介质的敏感性较高。

豚鼠被人类作为"药"来进补或诊断病症在历史上早有记载，安第斯地区的巫医用豚鼠来诊断黄疸、风湿病、关节炎和斑疹伤寒等病症。巫医用豚鼠在病人的身体上摩擦，视它们为通灵的媒介，黑色豚鼠尤其被看作有效的诊断工具。在中国古代，黑豚鼠是一种药食两用的动物，人们将其作为高档野味选入中国名菜谱，有"天上的斑鸠、地上的豚狸"之说，富含 17 种氨基酸和多种微量元素，民间视之为"强身珍品"。

秘鲁和玻利维亚曾经出土了大约公元前 500 年——公元 500 年之间的豚鼠雕像，古代秘鲁的莫切人（Moche）经常在艺术作品中描述豚鼠。豚鼠还是安第斯地区民间文化的重要标志，是社交活动和宗教场所的重要物品，甚至在日常口头禅中也经常被提到。瑞士作家洛伦茨·保利（Lorenz Pauli）创作的《有史以来最棒的豚鼠》（*Das Beste überhaupt MINIAUSGABE: Meerschwein sein*）用有趣的方式和极具吸引力的口吻为大家讲述了一个叫作米洛的豚鼠的故事。保利告诉人们，即使对于很多事我们都不是最擅长的那个人，但那并不代表我们一无是处，平凡也会是很棒的事。

灵长原宗竟是它?

分类争论世纪哗。

貌似松鼠尾巴小,

喝酒吃辣最不夸。

树鼩

第 **14** 节

"鼩"字在中国的古典文学中很罕见。在《康熙字典》中，将其与"鼱"连用，意指一种食虫类动物，形似小鼠，体小尾短。东方朔在《答客难》中写道："譬由鼱鼩之袭狗，孤豚之咋虎，至则靡耳，何功之有？"这里的"鼩"与《康熙字典》中的"鼩"是一个意思。

树鼩是树鼩科树鼩属动物，体长26～41厘米，体重50～270克，头部到身体的长度为12～21厘米，尾长约14～20厘米，体被毛以橄榄褐色为主，颈侧有淡黄色条纹，腹毛由灰色至污白色，背腹之间毛色界线分明，尾毛与体色相同。在分类学上，树鼩一直是许多学者感兴趣和争论的话题。最早在1825年，有科学家将树鼩作为食虫目鼹科中的一个亚科，1922年有科学家提出树鼩与灵长类在形态学上有密切关系，应将树鼩归入灵长目原猴亚目中，这种提法在1945年又遭到了其他科学家的反对。树鼩亲缘关系的争论已超过一个世纪了，人类仍然没搞清它的来路。目前，大部分学者认为树鼩在大约第三纪从食虫目向灵长目演变过程中保留至今的少数几个灵长目的原宗，与所有现存灵长类动物的最近共同祖先非常相似，是介于食虫目和灵长目之间的动物。

树鼩又称树仙，形态上酷似松鼠，但它的尾巴没有松鼠蓬大，体型也比松鼠小，是以吃昆虫为主的杂食动物。树鼩的颅骨、神经系统等与灵长类比较相似，其前后足均具有五趾，每趾都有发达而尖锐的爪，善攀登、跳跃，行动敏捷，胆小易惊，主要生活于热带、亚热带的森林和灌丛中。树鼩有较强的领地意识，能发出 8 种不同的声音表示警报、注意、接触和防御。树鼩是一夫一妻制，如果雌性树鼩接受了雄性树鼩，它们将形成稳定的繁殖对。

因为树鼩是介于食虫目和灵长目之间的动物，所以从事动物学研究的学者把它作为食虫目演化为灵长目的代表加以研究，其他学者则在生态学、形态学、神经生理学、寄生虫学、齿学及生理代谢关系等方面进行了各种研究。树鼩全基因组测序分析和国内外多项研究结果表明，树鼩亲缘关系与灵长类最接近（约 93.4%），在组织解剖学、生理学、生物化学、神经系统（脑功能）、代谢系统和免疫系统等方面与人类近似，它的新陈代谢远比犬、鼠等动物更接近于人。与灵长类动物比较，树鼩自身具有体型小、繁殖周期短、易于实验操作、饲养成本低等特点，已被广泛应用于生物医药研究领域，尤其是在丙型肝炎、乙型肝炎、手足口、代谢性综合征、抑郁症和"应急"等人类疾病的动物模型建立及机理研究方面独具特色，已成为国内外学者的研究热点。树鼩大脑较发达，多用于神经系统方面的研究，如对大脑皮质的定位，嗅神经、纹状体颞皮质，小脑核闭的形态，小树鼩的小脑发育、视觉系统、神经血管的研究，神经节细胞识别能力，口腔粘膜感觉末梢研究，神经系统的多肽、应激研究等。

中国对树鼩的应用较早见于教学和动物学研究方面，应用于医学方面则较晚。1975 年，我国曾使用树鼩代替恒河猴进行小儿麻痹方面的实验，但未能成功。之后树鼩被用于研究鼻咽癌与 EB 病毒，其鼻粘膜细胞经过培养后接种 EB 病毒，取得了较好的结果。值得注意的是，树鼩经过长期饲喂高胆固醇食物，不易诱发动脉粥样硬化病变，其食入的胆固醇以胆盐的形式被排泄掉，这值得我们进一步深入研究。

中国科学院昆明动物研究所是国内最早开展树鼩研究的单位，早在 1991 年就出版了国内第一本《树鼩生物学》专著，系统总结了树鼩的生物学特性，内容包括树鼩分类与生态学、饲养与繁殖、寄生虫学与病理学、解剖学、神经生物学、遗传学、生物化学和免疫学等。2014年10月，由郑永唐、姚永刚、徐林主编的《树鼩基础生物学与疾病模型》正式出版，该书的出版在推动我国树鼩生物学研究和人类疾病树鼩模型的创建工作，实现"中国制造"的树鼩品系和疾病模型，推动树鼩在生命科学和生物医药等领域的广泛应用，培育并形成新产业等方面发挥了重要作用。

在国家和云南省科技计划项目的支持下，中国医学科学院医学生物研究所、昆明理工大学、昆明医科大学、中国科学院昆明动物研究所等单位合作，率先攻克了树鼩饲养繁殖关键技术，研发了一系列饲养繁殖树鼩的笼器具和营养饲料等，制定了云南省实验树鼩5个地方性标准，建立了树鼩饲养繁育技术体系，已拥有符合国际规范的树鼩封闭群与清洁级树鼩，使树鼩成为云南特色实验动物资源。

目前，北京、上海、广东、云南等地对树鼩的研究均已形成一定的规模和体系。自2016年寨卡病毒再度爆发以来，寨卡病毒已造成全球性的健康威胁，研制能够有效防控寨卡病毒感染的药物迫在眉睫。昆明理工大学夏雪山教授等科学家，成功地在树鼩身上建立了具有典型皮肤症状的寨卡动物模型，为后续寨卡病毒感染机制的研究奠定了理论和实践基础，有效加快了相关药物和疫苗的筛选、评价等研究进程，在解决全球性公共卫生危机中做出了中国的贡献。

树鼩还是除人类和黑猩猩以外，唯一能被乙肝病毒感染的物种。自巴鲁克·塞缪尔·布隆伯格（Baruch Samuel Blumberg，1976年诺贝尔生理学或医学奖得主）在20世纪70年代发现乙肝病毒（HBV）后，全球的科学家前赴后继寻找乙肝病毒感染人类肝脏的乙肝病毒受体。北京清华大学生物医学交叉研究院教授李文辉博士及其团队从树鼩入手，绘制了高质量的树鼩肝细胞基因表达图谱，结合先进的纯化技术和高分辨质谱分析手段，

最终证明肝脏胆汁酸转运体是乙肝病毒受体。这一成果对乙肝病毒的研究具有深远影响，有可能帮助发现乙肝治疗的新药。2020 年 11 月 12 日，李文辉博士获得了巴鲁克·布隆伯格奖，此奖是全球乙肝研究和治疗领域最高奖，这也是迄今为止我国科学家首次获此殊荣。

树鼩是云南大学特有的观赏动物。据说，20 世纪 60、70 年代，云南大学生物系为实验而豢养的树鼩因为无人照看，就从实验室溜到校园中自谋生计。经过 40 多年的繁育，学生们与树鼩嬉戏的场景已成为一道独特的风景线。"能喝酒、敢吃辣"，树鼩喝酒吃辣的历史比人类还长，它对辣椒素等辣味物质几乎完全无感，吃起朝天椒、火鸡面像吃甜瓜一样酣畅淋漓，喝起酒看不到有任何酒醉的迹象，真可谓"辣不怕，怕不辣"且"千杯不醉"。

水 龙 吟

脸胖因有颊囊，天性藏食得名仓。进化历史，远胜鼠辈，科研上榜。

常见金黄，偶名中国，黑腹西装。看实验用量，位居第四，论贡献，当不让。

耻与害鼠为伍，欲正名，几多愁肠。科属本异，分类清晰，定论茫茫？

仓鼠地鼠，信息紊乱，谬误满网！叹实验动物，科学普及，道阻且长！

仓鼠

第 **15** 节

童年记忆中的打地鼠游戏机，只要偶尔想起，总令人心灵中最柔软的地方泛起阵阵涟漪。偶尔经过超市时看到小孩子们围着打地鼠的游戏机敲敲打打，会让人忍不住驻足停留，回想儿时的时光，会心一笑。

在啮齿类实验动物家族中，有一种在使用量和使用范围上仅次于小鼠、大鼠和豚鼠的地鼠，比如金黄地鼠、中国地鼠、欧洲地鼠等。其实，这是个美丽的错误，长期以来被中国实验动物界称为"地鼠"的实验动物，它真正的名字叫仓鼠。中国科学院亚热带农业生态研究所的陈安国老先生 2013 年曾发表了《实验动物"地鼠"应正名为仓鼠》的论文，他认为，出现这样错误的原因"乃是早年引进时将其名称误译所致"。

仓鼠体型娇小、体态圆胖、毛色多样，样子可爱且能和人亲近，被昵称为"金丝熊""长毛熊崽""短毛熊崽"等等。仓鼠种类繁多、不一而足，有花仓、布丁、银狐、黑熊、三线等品种，深受人们喜爱。

被培育成实验动物的仓鼠主要有三种。一，金黄仓鼠，又称叙利亚仓鼠。2 月龄的金黄仓鼠体重 80 ～ 100 克，体长约 16 厘米，尾粗短，耳色深，眼小而亮，被毛柔软。二，中国仓鼠，又称黑线仓鼠或背纹仓鼠。中国仓鼠体型小，体重约 40 克，体长约 10 厘米，背部从头顶直至尾基部有一黑色条纹，像穿了件黑色西装。三，欧洲仓鼠，又名黑腹仓鼠、欧洲黄金鼠。欧洲仓鼠原产地比利时、中欧、俄罗斯，是夜行性动物，体型大，性凶猛，体重约 200 克，是世界上最大的仓鼠种类，由仓鼠亚科原仓鼠驯化而来。目前，应用于医学科研工作的多为金黄仓鼠，约占 90%，其次是中国仓鼠，约占 10%，欧洲仓鼠使用的比较少。

在成为实验动物的过程中，金黄仓鼠和中国仓鼠都经历了非常传奇的故事。1839 年，英国动物学家乔治·罗伯特·沃特豪斯（George Robert Waterhouse）称在叙利亚发现一只母鼠，并将其命名为金黄仓鼠，这只仓鼠的毛皮曾在大英博物馆展示。1930 年，以色列动物学家伊斯拉埃尔·阿哈罗尼（Israel Aharoni）在叙利亚沙漠发现并带回了一窝金黄仓鼠（一母八仔），但当他返回到实验室时，却只剩下了 1 雄 2 雌的幼崽。在希伯来大学，科学家们成功地让这 3 只仓鼠繁衍生息，随后这些仓鼠的子嗣被送往世界各地的科学实验室用作实验动物。中国饲养的金黄仓鼠最早由蓝春霖教授于 1947 年从美国引入。目前，世界各国已育成的金黄仓鼠近交系有 38 种，突变系 17 种，封闭群 38 种，都是 1930 年在叙利亚发现的那 3 只同胞仓鼠的后代。

1919 年，在协和医院担任解剖助理的谢恩增博士在研究肺炎球菌的检定时，因为实验小白鼠价格昂贵且货源紧张，就在北京郊外捕捉了几只黑线仓鼠来做实验。经过多次实验后，他发现这些仓鼠完全可以替代小白鼠。谢恩增仔细观察了黑线仓鼠的生活习性、繁殖情况，考察了它们的种类，随后发表了《一种新的实验室动物——仓鼠》["A new laboratory animal (Cricetulus griseus)"]。当黑线仓鼠的独特的生物学特性被人们认识和应用之后，一些学者就开始了训育研究尝试，可惜均告失败。这是因为黑线仓鼠是夜行、独居动物，在交配中雌鼠非常好斗。北京协和医学院的张昌颖与吴宪等于 1938 年进行了黑线仓鼠人工繁殖实验，他们用激素调整其发情周期，在两年内仅繁殖了 5 代。

1948 年，美国北部最大的实验动物供应商维克托·施文特克尔（Victor Schwentker）了解到中国仓鼠具有易于制备寄生虫感染模型等重要科研价值，却难以在实验室传代（驯养）的情况后，嘱托正在中国的美国医生罗伯特·布里格斯·沃森（Robert Briggs Watson）带几只回来。沃森向协和医学院的胡正祥教授求助，后者提供了 20 只中国仓鼠（雌雄各半）。施文特克尔于 1949 年初在纽约收到中国仓鼠后，经过两年的驯养，成功将其繁育成一种实验动物品系。1958 年，乔治·耶尔嘉尼扬（George Yerganian）创立了一套独特的饲养方法，宣布中国仓鼠在实验室繁殖成功，他在很长一段时间成为美国唯一的中国仓鼠供应商。数年后，中国仓鼠的后裔遍及欧、美、日等国的主要实验室。1957 年，科罗拉多大学的特奥多尔·普克（Theodore Puck）在成年中国仓鼠卵巢的活检组织建立了 CHO 细胞（中国仓鼠卵巢细胞系），免费供给需要的研究机构。通过几十年的发展，CHO 细胞已成为生物技术药物最重要的表达或生产系统，成为基因工程和生物制药的重要工具，使用 CHO 细胞表达的药品份额已达到数千亿美元。

1980 年，以山西医科大学薄嘉璐教授为首的中国仓鼠研究组接受卫生部任务，对野生仓鼠进行驯养。薄嘉璐采用近交繁殖，建成国内唯一一个近交系中国仓鼠群体，命名为山医群体近交系中国仓鼠（SYB1）。1984 年 4～6 月，军事医学科学院实验动物中心徐植岚等发现了 6 只黑线仓鼠白化突变个体，经过 8 年人工繁育，建立了国内外唯一的白化黑线仓鼠种群，为医学、生物学研究提供了新的动物模型。在之后的 20 多年，刘田福教授在山区群体中国仓鼠种群的保存与利用等方面做出了巨大的贡献，该群体目前建立有两个亚系，种群数量约 600 只。

作为首席实验动物的重要一员，仓鼠具有一些独特的优点。一，仓鼠对可诱发肿瘤的病毒易感，肿瘤组织接种到口腔颊囊中易生长，便于观察，是肿瘤学研究中最常用的动物。仓鼠是能够诱发胰腺癌的唯一动物模型，它与人胰腺癌在形态学和临床上很相似。二，仓鼠是常年发情动物，发情周期准确，妊娠期仅 16 天，雌鼠出生后 28 天性成熟，繁殖传代比其他鼠类更快，特别适用于生殖生理研究。三，仓鼠组织细胞体外培养容易建立二倍体细胞株，适合组织培养研究。仓鼠肾细胞可被做成细胞培养物接种病毒，用以分离或制备疫苗。四，仓鼠自发性感染的疾病病种很少，对实验诱导发病很敏感，如小儿麻疹病毒、溶组织阿米巴、利氏曼原虫、旋毛虫等。五，仓鼠易产生蛀牙，这与饲料的成分及口腔微生物种类、数量密切相关，被广泛地用于牙科如龋齿的研究。此外，可利用仓鼠皮肤易接受移植的特点，进行皮肤、胎儿心肌、胰腺等组织移植的研究；利用仓鼠的颊囊粘膜，可以观察淋巴细胞、血小板、血管的反应变化，进行血管生理学和微循环的研究；利用仓鼠对维生素缺乏的敏感性，可以进行核黄素、维生素 A、维生素 E、维生素 B2 缺乏等营养学研究；室温低于 8℃时仓鼠会冬眠，利用此点可进行人工诱导低体温及其生理代谢实验等。

与其他仓鼠相比，中国仓鼠具有以下优势。一，中国仓鼠对许多病原体（如链球菌、分枝杆菌、白喉、狂犬病和马脑炎的病原等）具有易感性；二，中国仓鼠染色体大，数量少，只有 22 条，易于辨认，是研究染色体畸变的良好材料；三，中国仓鼠颊囊极薄，易于翻出，可通过直接观察进行微循环和肿瘤移植研究；四，中国仓鼠的雄鼠有一对硕大且下坠的睾丸，约占体重的 3.84%，是病原体接种的极佳器官；五，中国仓鼠通过近亲交配具有自发性遗传性糖尿病倾向，是理想的 2 型糖尿病动物模型。

灵长目的猕猴和啮齿目的松鼠、黄鼠、仓鼠等动物的口腔内两侧具有一种特殊的囊状结构，称为颊囊。这些动物喜欢把食物藏在口腔内两侧，到安全的地方再吐出保存，就像随身携带的"行李箱"。颊囊是仓鼠区别于地鼠的显著特征。仓鼠颊囊内部空间非常大，韧性极强，当一只仓鼠开始不断地往颊囊里塞食物时，颊囊可以

延伸到仓鼠的髋部，据说一只成年仓鼠的颊囊可以容纳自身一半体积的食物。颊囊里面可以容纳很多气体，当仓鼠落入水中的时候，它们会把颊囊鼓起来，就像使用救生圈一样，把头露出水面游泳。身体娇弱的仓鼠基本没有自保能力，遇到天敌的时候它们会把口中的食物吐出来迷惑对手，以寻找机会逃跑。

考古发现，仓鼠是原产自中国的古老动物类群，最早出现在中、晚始新世，

距今约 4000 多万年，而最古老的鼠科动物前鼠属发现于中新世，距今仅 1400 万年。如果将仓鼠归类到鼠科里，把仓鼠称为地鼠，就如同将曾祖父放到玄孙名下一样滑稽可笑。继续把仓鼠称为地鼠，不仅会造成分类学上的混乱，还会因为错误的科普误人子弟，遗患无穷。

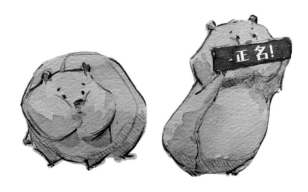

颂实验牛

小牧童的好伙伴，

弹琴人的错对象。

任劳任怨献科研，

俯首横眉扪心看。

牛

第 16 节

　　在中国古代文学里，牛的形象与社会矛盾、田园牧歌、神话传说、民间风俗、兵法阵图、名人沉浮、文化积淀以至作者个人遭遇紧密相连，成为诗人、作家以及劳动大众托物寓意的物象、抒情言志的客体和叙事写实的生肖角色，给读者以艺术享受和思想启迪。比如，在北宋李纲的《病牛》中，作者用"耕犁千亩实千箱，力尽筋疲谁复伤？但得众生皆得饱，不辞羸病卧残阳"赞颂了牛不辞羸病、任劳任怨、志在众生、唯有奉献、别无他求的性格特点，托物言志，表达了自己虽然疲惫不堪，却想着社稷、念着众生、不忘抗金报国的赤子情怀。同样是在北宋，孔平仲则用"老牛粗了耕耘债，啮草坡头卧夕阳"歌颂老牛勤劳俭朴的品质，实是抒发对劳动人民的赞美之情。鲁迅用"横眉冷对千夫指，俯首甘为孺子牛"表达了自己对敌人决不屈服、甘心像牛一样对人民大众俯首听命的阶级立场。

　　根据出土的牛颅骨化石和古代遗留的壁画等资料，可以证明普通牛起源于原牛，在新石器时代开始驯化。多数学者认为，普通牛最初驯化的地点在中亚，之后扩展到欧洲和亚洲其他地区。除极寒、极旱等极端恶劣环境外，牛在全球广泛分布，其中分布数量较多的地区有巴西、美国和中国。不同种的牛染色体数不一样，比如野牛的

染色体数为 56，大额牛为 58，黄牛为 60。牦牛是除人类外世界上居住地海拔最高的哺乳动物，主要分布于以中国青藏高原为中心的海拔 3000 米以上高寒地区。中国兽类学、生态学的奠基人夏武平在为中国科学院青海海北高寒草甸生态系统定位站题词曾写下这样的诗句："忍处恶劣的条件，啃食低矮的青草，提供浓郁的乳汁，充当高原的船舶。不畏艰苦，忍辱负重，不计报酬，但求贡献。这种牦牛精神，正是我们科学工作者的追求。"

驯化的牛，最初以役用为主。随着农业机械化的发展和消费需要的变化，除少数发展中国家的黄牛、水牛仍以役用为主外，普通牛经过不断的选育和杂交改良，均已向肉用、乳用、肉乳兼用、比赛用等专门化方向发展。牛属于草食动物，有四个胃，分别为瘤胃、网胃、瓣胃、皱胃，这四个胃各有功能，是名副其实的"大胃王"。现代解剖学中认为，牛的四个胃实际上可分为两个不同部分，前三个胃（瘤胃、网胃、瓣胃）实际上并不具备分泌胃液的功能，因此不是真正意义上的胃，应该算作食道。皱胃是可以分泌胃液的、真正意义上的胃，又称真胃。在牛的饲养过程中，人们常常会使用围栏将其关起来，但是研究发现，去除围栏的色斑、阴影或者水坑，降低噪音，不使用狗和电棒，可以显著降低牛所承受的压力。

作为实验动物，牛在比较解剖学、生理学、实验外科学、兽医学、免疫和生物制品研发等领域具有一定的应用，小牛血清和胎牛血清被广泛应用于生物医学各领域。2017 年，北京市审查通过了 DB11/T 1464.2–2017《实验动物 环

境条件 第 2 部分：实验用牛》，黑龙江省审查通过了 DB23/T 2057.3–2017《实验动物 牛寄生虫学等级及监测》、DB23/T 2057.5–2017《实验动物 牛微生物学等级及监测》，这些标准规定了实验用牛环境和相关配套设施的建筑、工艺布局、环境、饲养条件、废物处理、运输及检测等要求，为推进牛的动物实验标准化奠定了良好的基础。目前，已有北京、重庆、河北、新疆、黑龙江、甘肃、云南等省市发布过牛的实验动物使用许可证颁发标准，但目前尚没有获得许可证的生产单位。

通过对牛体外胚胎培育技术的研究，可以充分提高母牛的繁殖能力，迅速增加优秀母牛的后代数量，增强现代牧业的发展能力。早在 1989 年，在旭日干的主持下，中国第一胎"试管牛"就在内蒙古大学降生了，这标志着中国在牲畜"试管繁育"领域跨入了世界先进行列。

"天花"是迄今为止唯一一个被人类彻底消灭的病毒，在消灭天花的过程中，牛是当之无愧的"老师"。在 18 世纪，天花是令人闻之色变的病魔，英国医生爱德华·詹纳（Edward Jenner）在多年的观察中发现，乡村里的牛也容易患与天花相似的牛痘，但牛痘从不曾令牛死亡，更不会令人死亡，并且人在治愈牛痘后也不会留下任何疤痕。詹纳经过对牧场挤奶女工持续 20 年的调查，最终确认了患过牛痘者不得天花。1796 年 5 月 14 日，詹纳为一名叫菲利普斯的少年接种了痘苗，所用的痘浆取自一位正患牛痘的挤牛奶少女尼尔美斯。48 天后，詹纳将从天花患者脓疱中提取的液体再一次滴在了菲利普斯被手术刀划破的手臂上，菲利普斯的免疫系统抵抗住了天花病毒的侵害。詹纳将这套程序称为种牛痘，以区别人痘接种。牛痘接种术，以方法简便安全，降低了天花流行强度和死亡率而被各国相继采用，10 年间迅速传播到全欧洲和北美洲。1980 年 5 月 8 号，世界卫生组织第 33 届大会正式宣布，人类已经彻底消灭天花，人类与天花长达 3000 多年的战争最终宣告胜利。值得中国人骄傲的是，自 1950 年 10 月实施全民种痘计划，到 1961 年 3 月天花消灭，中国仅用了约 10 年半的时间。中国作为一个发展中国家，在没有任何外援的情况下，完全依靠自己的力量，快速消灭了天花，这是一项永载史册的伟大成就。

克隆技术在 20 世纪 90 年代备受世界关注。1998 年 7 月 5 日，世界首例使用成牛体细胞的克隆牛双胞胎能登、加贺在日本石川县诞生，当天刚好也是世界第一只体细胞克隆羊多莉的两岁生日。这两头牛都是利用成年雌牛的输卵管细胞克隆的，尽管它们早产近40天，但发育正常，拥有正常的繁殖能力。能登与加贺分别在2018年5月14日和2019年10月9日于日本石川县畜牧研究中心自然死亡，它们的平均寿命都超过了牛的平均值。

　　在中华文化里，牛是勤劳、奉献、奋进、力量的象征。人们把为民服务、无私奉献比喻为孺子牛，把创新发展、攻坚克难比喻为拓荒牛，把艰苦奋斗、吃苦耐劳比喻为老黄牛。在前进的道路上，我们要大力发扬孺子牛、拓荒牛、老黄牛精神，以不怕苦、能吃苦的牛劲、牛力，不用扬鞭自奋蹄，继续为中华民族伟大复兴辛勤耕耘、勇往直前，在新时代创造新的历史辉煌！

念奴娇

实 验 动 物 伦 理

人与动物，共地球，携手相伴千年。

中华文化，仁为首，不忍屡见经典。

何况实验，替难受罪，但求病源显。

它不能言，人岂自欺骗？

科学文明时代，动物福利，中外多新篇。

三 R 原则，世共认，五大自由实现。

科学人道，更应敬，法律伦理利剑。

生命探索，处处守底线。

福利 / 第 1 节

　　人与动物之间的伦理关系从来都是古今中外人们所最为关注的问题之一，在东方，儒家首先从道德角度思考人与动物的关系，主张对动物施以"仁"，要求人们以"恻隐之心"对待动物。孔子强调"钓而不纲，弋不射宿"；孟子则提出"君子之于禽兽也，见其生，不忍见其死；闻其声，不忍食其肉"；王阳明认为"大人者，以天地万物为一体者也……见鸟兽之哀鸣觳觫，而必有不忍之心焉，是其仁之与鸟兽而为一体者也"。在西方，亚里士多德（Aristotle）认为"植物活着是为了动物，所有其他动物活着是为了人类"；托马斯·阿奎那（Thomas Aquinas）说"对于动物，根据神的旨意，人类可以随心所欲地驾驭之，可杀死也可以其他方式役使"；康德主张，人对于动物"不负有任何直接的义务"；笛卡尔认为，动物没有思维，没有严格意义上的感觉和激情，动物是没有意志的"自动机"，动物不是道德主体，不负有任何道德责任。可以说，对比西方世界，我们的先哲早已有了"动物伦理"的思想。

　　虽然动物曾被作为图腾接受崇拜，曾被斥责为邪恶的化身，曾被人类赋予灵魂，曾被认为是没有思维的机器，但随着社会进步和经济发展，人与动物的关系变得越发"微妙"和"纠结"起来。对于自然生长的老鼠，人们运用各种方式进行捕捉和消灭，再善良的人也不会有将其抱在怀中予以亲吻或抚摸的欲望，但是对于长期陪伴我们的狗、猫却截然不同。特别是对于那些用于医学研究，代替我们承受了痛苦，甚至死亡的豚鼠、猪、狗、猫和其他动物，继续用悲悯的态度来对待，好像已经不够了。

　　在这种"微妙"和"纠结"中，西方开始将动物伦理的研究上升到哲学层次，先后出现了杰里米·边沁（Jeremy Bentham）的《道德与立法之原理导论》（*An Introduction to the Principles of Morals and Legislation*）、蕾切尔·卡森（Rachel Carson）的《寂静的春天》（*Silent Spring*）、亨利·索尔特（Henry Salt）的《动物的权利：与社会进步的关系》（*Animals' Rights Considered in Relation to Social Progress*）、汤姆·里甘（Tom Regan）的《打开牢笼：面对动物权利的挑战》（*Empty Cages: Facing the Challenge of Animal Rights*）和《动物的权利与人类的义务》（*Animal Rights, Human Wrongs: An Introduction to Moral Philosophy*）、彼得·辛格（Peter Singer）的《动物解放论》（*Animal Liberation*），阿尔贝特·史怀哲（Albert Schweitzer）的《敬畏生命》（*Reverence for Life*）等一系列研究动物权利和动物伦理的著作。这些著作对动物权利进行了充分的论证，提出动物具有"天赋价值"的观点，认为动物本身是生命体，而生命具有平等性，所以动物具有内在价值。他们相信："伦理不仅与人，而且也与动物有关。动物和我们一样渴求幸福、承受痛苦和畏惧死亡。"在这些学术思想的推动下，以1822年英国颁布并实施《禁止虐待动物法令》为开端，欧美国家以动物解放论和动物权利论为精神旗帜，展开了轰轰烈烈的现代动物福利运动。

在残忍与悲悯、虚伪与真诚、正义与非正义、理性与非理性，乃至于道德、伦理、权利、法律等纷扰喧嚣的争论之中，如何科学对待实验动物和动物实验，就显得更加"微妙"和"纠结"，如何更好地完善动物实验法律法规，切实维护和保障实验动物的福利也显得更加重要和迫切。动物实验是医学发展的需要。医学本就是生命科学，是以实验动物生命的代价换取医学规律，人类的健康知识就是实验动物用生命换来的，我们不能误入极端动物保护主义的窠臼。有实验就必然有伤害，大多数实验都是破坏性实验，比如动物解剖、强行致病、感染病毒，这些实验不可避免地对动物产生伤害。伦理学家和实验动物福利倡导人士认为，实验所获得的研究利益必须超过动物付出的代价，这样的牺牲才是合理的。我们每个人都是这些实验动物的受益者，如果能意识到这一点，在别无选择必须进行动物实验的时候，至少应该心存感激和不安，动物实验绝对不能被滥用。在动物作为实验对象不可替代的时候，至少应该最大限度地减少动物的痛苦，这种减少不仅依靠人性的本能和道德的约束，更需要法律的规范和全社会的监督。

对科学实验中的动物既应当遵守"3R"的道德规范，也应当遵守实验动物福利的道德规范。所谓"3R"的道德规范，第一个"R"是"减少"（Reduction），第二个"R"是"替代"（Replacement），第三个"R"是"优化"（Refinement）。所谓"减少"，是指在实验室当中使用动物的数量越少越好，如果多个实验可以用一只动

物就绝不多用，如果能用小剂量达到实验效果就绝不用大剂量。"替代"是指在实验中能不用动物就不用动物，如能用细胞、组织或器官就不用动物个体。迫不得已使用动物时，能用低等动物就不用高等，能用低级的物质运动形式就不用高级的生命形式，如使用物理、机械和化学系统代替有生命动物等。"优化"是指在实验的整体设计和细节路径选择以及高、低等动物的配置上，应当从过程和结果的角度做到整体结构完善、细节安排合理。

除了"3R"，对实验动物还应当遵守实验动物福利的道德规范，首先对科学研究中的实验动物确立"善待"的道德规范，对进行实验的动物，要尽量使其不遭受各种伤害，尽可能地照顾好它们，最大限度地满足其各方面的需求，包括但不限于吃住玩乐的基本需求等。实验动物福利在国家科技部2006年发布的《关于善待实验动物的指导性意见》中被概括为"五大自由"。一，享受不受饥渴的自由，保证提供动物保持良好健康和精力所需要的食物和饮水；二，享有生活舒适的自由，保证提供适当的房舍或栖息场所，让动物能够得到舒适的睡眠和休息；三，享有不受痛苦、伤害和疾病的自由，保证动物不受额外的疼痛，预防疾病并对患病动物进行及时的治疗；四，享有生活无恐惧和无悲伤的自由，保证避免动物遭受精神痛苦的各种条件和处置；五，享有表达天性的自由，保证被提供足够的空间、适当的设施以及与同类伙伴在一起。2018年，中国正式颁布了GB/T 35892-2018《实验动物 福利伦理审查指南》，要求设立由实验动物专家、兽医、管理人员、使用动物的科研人员、公众代表等不同方面的人员组成的实验动物管理和使用委员会（IACUC）或福利伦理委员会，按

照实验动物福利伦理的原则和标准，对使用实验动物的必要性、合理性和规范性进行专门检查、审定和监管，并受理相应的举报和投诉。

人与动物的伦理关系是人类自身修养和社会文明发展的一个写照。在甘地（Mohandas Karamchand Gandhi）看来："一个国家的伟大和道德进步程度可以从其对待动物的方式来判断。"虽然在今天的科学技术条件下，我们还不得不依靠动物实验来积累临床经验、获取有价值的科学实验数据，但是如果动物实验不能产生有效、可重复检测的结果，我们就不应该毫无理由地浪费动物生命。无论如何，我们都必须在依法保障实验动物福利的前提下开展动物实验。

人类可以利用自然、改造自然，但归根到底人类是自然的一部分。依据加勒特·詹姆斯·哈丁（Garrett James Hardin）的"地球宇宙飞船假说"，人类要"管护"好这个地球宇宙飞船，应当代理其他"乘客"理事，人类在地球上的身份应当是"代理人"的角色，肩负着管护好地球宇宙飞船的艰巨责任和崇高使命。我们应该认识到，人和地球上的所有动物和谐发展才是自然赋予地球生命的意义。我们应该对实验动物致以无限敬意，科学、人道地开展动物实验，设身处地为实验动物着想，像关心我们自己一样关心爱护它们，像维护自身权益一样保障它们的福利，以最真诚、最实在的行动，携手并进，共创美好家园。

赞实验动物设施

智能三恒好居处，

万般福利为纯度。

情系苍生甘奉献，

它是朋友而非物。

豪宅 / 第 **2** 节

实验动物是特殊的"英雄",科研人员给这些"英雄"准备了舒适的居住环境,让它们"十指不沾泥,鳞鳞居大厦"。为了确保"英雄"们能够享受到应有的待遇,相关国家还按照"英雄"们的"战功等级",专门制定了强制性设施标准,使它们不受困顿之苦。

在 2010 年,中国制定了 GB 14925-2010《实验动物环境及设施》,根据这一国家标准,实验动物的居住条件可以分为普通环境、屏障环境和隔离环境三种。普通环境符合动物居住的基本要求,不能完全控制传染因子,不能完全控制温度、湿度、空气洁净度等,适用于饲育普通级实验动物。普通环境一般饲育大动物,如牛、马、羊、犬、猴、兔等。屏障环境中实验动物的生存环境与外界相对隔离,进入屏障系统内的空气经过初效、中效、高效三级过滤,进入屏障系统内的人、动物和物品均需有严格的微生物控制,适用于饲育清洁级实验动物和 SPF 实验动物,例如大小鼠、鸡、鸭等必须至少在屏障环境中饲育。隔离环境采用无菌隔离装置以保持无菌状态或无外源污染物,隔离装置内的空气、饲料、水、垫料和设备应无菌,动物和物料的动态传递须经特殊的传递系统,该系统既能保证与环境的绝对隔离,又能满足转运动物时保持与内环境一致,适用于饲育无特定病原体、悉生及无菌实验动物。隔离环境饲育的动物与动物的具体品种无关,主要看实验目的。

实验动物容易受到环境干扰,且在饲养过程中会产生异味,影响生产、生活,因此实验动物饲育设施总体布局的选址和建造需要注意三个方面。一,最好独立建造实验动物饲育设施;二,避开车流和人流密集处,避开震动、噪声大的区域;三,选择在全年主导风向下风处,且对厂区其他生产或生活设施影响最小的区域。根据功能设置，实验动物饲育设施主要包括人员的更衣间、动物饲养间、实验间、动物检验间、洁净物品存储间、清洗间、解剖间、饲料和垫料的存储间等，各功能间设置需齐全、合理；严格区分清洁区域和污染区域，以保证人和动物的健康，确保实验的准确性。在工艺设计方面，要特别注意四类流向的区分。一，实验人员、饲养人员和检疫人员的进入和退出路线；二，动物的进入和退出路线，解剖和废弃尸体的流向；三，动物用垫料和饲料的进出流向；四，笼器具、样品进出流向等。各种流向需要合理分流，避免交叉污染。

以屏障环境中的小鼠为例，它住的笼子叫作独立通气笼（Individual Ventilated Cages，IVC），它有一个进气口送入清洁空气，一个出气口将废气集中排放出去，进气和出气都是单独的，并且带有过滤系统。有人计算过，每个笼位大概有 0.05 平方米，算上"公摊"每个笼位将近 5000 元的成本，换算过来就是每平方米 10 万元，算得上是"豪宅"了。IVC 笼身怀高科技，"三恒""智能"在这里已经全部实现。IVC 笼不仅无菌，而且恒温、恒湿、恒压，在昼夜光照方面，也尽量模拟自然环境，有着严格的控制。小鼠的床垫也有特别的讲究，以白杨木刨花或者玉米芯碎片作为垫料，这些垫料都必须从生产合格的厂家购买，再经过消毒才能放进小鼠的笼子里。因为小鼠的吃喝拉撒都在垫料上进行，所以每星期需要更换两次。由于小鼠对尖锐的噪音非常敏感，轻柔的背景音乐有助于小鼠保持良好状态，实验室的工作人员除了定时检查小鼠的健康状况、按时更换笼具外，还会播放一些轻柔的背景音乐。建设如此高标准的居住环境，是因为实验过程中我们要摒弃其他任何"污染"对实验数据结果的干扰。只有实验数据准确了，得到的实验结果才能真正对人类有利。

保证实验动物心情愉悦、情绪稳定并能够充分表达天性，是使实验数据更为真实可靠的必要条件。在建设实验动物住宅中，除了要花大把银子搞"硬装"外，在"软装"方面也需要煞费苦心。根据动物的不同种类，科学家们会提供不同的玩具，促进动物心理健康，减少动物异常行为发生概率，也更容易获得可靠的实验数据。例如啮齿类动物大多天性胆小，喜欢活动，尤其是进行攀爬、打洞，具有磨牙的习惯，人们就设计了钻洞类、攀爬类、磨牙类玩具，这些玩具不仅形状多样而且具有不同的口味。磨牙用的鼠骨头主要针对大小鼠，分长短两种，短的约 9.5 厘米，长的则超过 10 厘米。鼠骨头的口味也有两种，一种是培根味，另一种是巧克力味，都是大小鼠喜欢的味道。对于犬类实验动物，人们提供了啃咬类、球类玩具，球里常常放置铃铛，当球运动时会伴有清脆声音，是犬最喜欢的玩具。对于非人灵长类动物，人们提供了镜子、把玩类玩具。玩具镜通常由一小面镜子和一条悬挂链构成，通过金属链挂在笼子外面，让非人灵长类动物观察自己或其他动物。因为非人灵长类动物具有很强的模仿能力，所以玩具镜可以满足它们的"模仿欲"与"表现欲"。制作实验动物玩具的材料要求质地优良，易于灭菌消毒、清洁方便、便于管理、不会增加饲育负担。虽然国外在动物福利方面的起步比国内早许多年，但在福利玩具方面，国内许多实验动物玩具的做工更加精美。

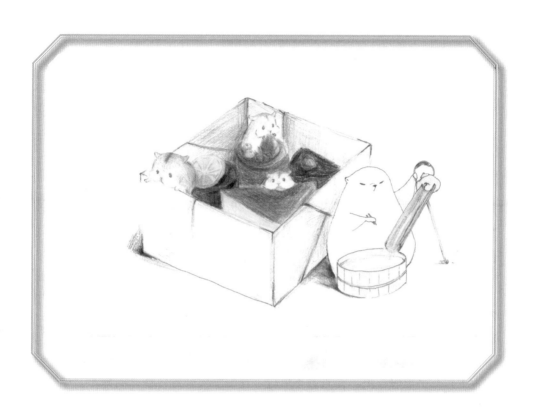

食不厌精，精益求精。脍不厌细，吹毛求疵。

实验动物，活的仪器。欲求结果准，饲料很关键。

莫为成本难，戮力攻险关。国家有标准，依法办。

　　既是福利伦理，更有历史评判。生命之科

学，底线之刚坚。群众云：诚信科研！

美食／第 **3** 节

　　《黄帝内经》云："五味之美，不可胜极。"人世间，唯有爱与美食不可辜负。中华美食是中国人的骄傲，是祖先们的智慧和对美好生活的追求，是我们国家的重要名片。过元宵，中国人发明了汤圆；过端午，中国人发明了粽子；过中秋，中国人发明了月饼；过腊八，中国人发明了腊八粥。孔子在吃穿住行方面十分讲究，他的原则是"食不厌精，脍不厌细"。汉唐时代，人们习惯于将美味佳肴称作"八珍"。到了清代，如"满汉全席"之类各种系列的"八珍"已经不胜枚举了。很多诗词作家"上得厅堂，下得厨房，写得文章"，美食滋润舌尖，文字温暖心灵，简直妙不可言。比如汉代辛延年在《羽林郎》写道："就我求珍肴，金盘脍鲤鱼。"李白在《酬中都小吏携斗酒双鱼于逆旅见赠》中写道："为君下箸一餐饱，醉着金鞍上马归。"陆游在《明日又来天微阴再赋》写道："照水须眉见，搓橙指爪香。"最资深的吃货文学家莫过于苏东坡，他不仅吃，而且可以把"吃"变成一门艺术，将"百事常随缘，饮食穷芳鲜"做到了极致。在他的作品里，有委婉的"蒌蒿满地芦芽短，正是河豚欲上时"，有直白的"日啖荔枝三百颗，不辞长作岭南人"，更有直接教人做菜的《猪肉颂》。进入新时代，中国中央电视台出品的美食类纪录片《舌尖上的中国》，火爆了大江南北。姜老刀的《日食记》，山亭夜宴的《唯爱与美食不可辜负》，将美食、故事升华成了人们对生活、情感、人生的领悟和面对世界的勇气和执着。

　　《史记·郦生陆贾列传》中说："王者以民人为天，而民人以食为天。"从旧社会的食不果腹到现如今追求吃得新鲜、吃得营养、吃得健康，人们对饮食的追求不断变化，又提出了"民以食为天，食以安为先"。动物实验是检验食品安全的重要技术手段之一，通过动物实验对食品急性毒性、遗传毒性和致癌性等方面的评估，可以判断其是否能够安全食用，为有关部门审批、监督和管理提供科学依据。实验动物作为活动的精密仪器，其饮食不但关系动物的健康，而且直接影响科学实验的结果。饲育实验动物，不仅要让它们吃饱，还要让它们吃好，必要时还要根据实验目的，给它们开"小灶"，供应"特供食品"。

实验动物饲料中各营养成分的均衡是实验动物健康成长的前提，实验动物饲料质量与实验动物质量密切相关，质量合格的实验动物饲料是保证动物实验顺利进行和实验结果准确可靠的基础。与畜牧饲料相比，实验动物饲料的不同要求在于除了卫生需要达到要求外，饲料的热量、营养素成分必须满足动物饲养或者实验的要求，饲料中的其他成分也必须清楚、可控。实验动物饲料标准化是实验动物质量控制的关键环节之一，不同实验室或同一实验室不同研究阶段都应该使用符合相同标准、质量可靠和稳定性好的实验动物饲料。

实验动物科技先进的国家都非常重视实验动物饲料的标准化问题，较早开展实验动物饲料研究的国家是日本，美国则成为后起之秀。美国国家科学研究委员会（National Research Council，NRC）公布了一系列动物饲料标准，广泛涉及啮齿类动物、反刍动物等多种动物，是当前最完整、最有权威和最具代表性的实验动物饲料营养需要标准。在这些动物饲料标准制定的推动下，一些学会根据实验动物的特点以及自身研究领域对实验动物饲料的特别要求，分别制定了比 NRC 标准更为严格的实验动物饲料标准，并随着 NRC 标准的升级而不断优化调整。

自 20 世纪 80 年代以来，中国非常重视实验动物的饲料质量和标准化建设。1988 年，经国务院批准，国家科学技术委员会发布《实验动物管理条例》，后又经过多轮修订。其中第十三条规定："实验动物必须饲喂质量合格的全价饲料。霉烂、变质、虫蛀、污染的饲料，不得用于饲喂实验动物。直接用作饲料的蔬菜、水果等，要经过清洗消毒，并保持新鲜。"科技部制定的《实验动物许可证管理办法（试行）》《实验动物质量管理办法》等部门规章中也都明确提出了"使用的实验动物饲料应符合国家标准"等相关要求，在《关于善待实验动物的指导性意见》中还规定："饲养人员应根据动物食性和营养需要，给予动物足够的饲料。"1994 年，在中国首次发布的实验动物系列标准中，包含有"实验动物全价营养饲料"的国家标准（GB 14924-1994）。在 2001 年修订时，对实验动物饲料标准又做了较大幅度的修订（GB 14924.1-2001）。修订的主要内容是将"全价营养饲料"改为"配合饲料"，细化了小鼠、大鼠、兔、豚鼠、地鼠、犬和猴的饲料标准，对其中营养素成分的上限和下限进行了严格规定，将配合饲料按维持饲料和生长、繁殖饲料的功能不同，分别规定了营养成分含量。

实验动物只能使用全价配合饲料。所谓配合饲料是指利用不同原料营养素组成不同的特点，用多种原料配合而成的饲料。全价配合饲料是指通过多种原料配合形成的可以全面满足饲喂动物的营养需要、直接用于饲喂动物不必另外添加任何营养性饲用物质的饲料。因为不同动物对饲料的营养素含量、质地甚至外形有着不同的要求，所以不同动物之间不可交叉使用。此外，同一种动物在不同发育阶段、不同生理状态对饲料的营养素含量和饲料颗粒大小也有不同的要求。按照饲料加工的物理形态来分，实验动物饲料可以分为颗粒饲料、碎粒料、膨化饲料、烘烤饲料、半湿或胶状饲料、液体饲料和罐装饲料等。按照成分精细程度来分，实验动物饲料可分为纯化饲料、混合饲料、普通饲料和基础饲料。

与欧美发达国家相比，中国在实验动物饲料科研和标准化方面还有一定的差距。主要表现在：一，只有日粮型配合饲料标准，尚未发布纯化型饲料标准；二，虽然在制定的配合饲料标准中，有利于饲料卫生、安全和管理等质量控制的指标比较健全，但在饲料营养素水平方面还存在一些问题；三，没有给出参考配方或开放性配方；四，设置的营养素水平仅仅来自外部资料的总结，没有得到长期的观察和验证，也没有与国外权威或可靠的饲料进行对比性实验。从原料到饲料成品，其中蕴含着高度的技术含量，各国、各地区之间采用的原料成分存在差异，如果不在实验动物中深入研究和观察比较，照抄的配方或饲料标准会失去价值和意义。

饲料配制技术和生产水平会影响研究的可靠性，主要的干扰因素有营养素含量及相互间的比率，非营养素、药物或毒物残留，物理状态，卫生程度。这些干扰因素会影响遗传稳定性，进而导致动物性状发生变异；导致消化道内或粘膜吸收水平与干预因子（如消化道给药）发生相互影响；改变动物组织细胞的基因表达、代谢和机能状态。这些因素不仅能够改变动物整体机能状态，还可在体内直接作用于干预因子。据了解，目前中国所做的代谢类实验主要选择混合饲料，纯化饲料的使用率仅为 18.5%，这跟欧美发达国家正好相反。

贺新郎

实 验 动 物 运 输

登车入箱笼。

忧愤急境新途远，

怎奈饥冻？

念念不忘老地方，

惬意多更从容。

温照度调节适中，

饲垫料源自精工，

曾携手攻关情义隆。

今临别，

泪如涌！

依依岂为受难怂，

替难人类吾本分，

欣然立功。

伦理福利早关注，

法规标准多重。

应激反应些许痛，

科研贡献我称雄，

实验动物气贯长虹。

奉此身，

健康颂。

旅途 / 第 **4** 节

　　重团聚、怨别离，这是中国人的传统心理。千百年来，故国乡土之思、骨肉亲人之念、挚友离别之感牵动了无数才子佳人、文人骚客的心弦，"别离"也自然成为中国古典诗词中的重要内容。人在旅途，往往会因为陌生的环境、旅途的不可预知产生失落、思念、寂寞、期待等情绪，创作出优秀的文学作品。京口瓜洲，一水之间，王安石孤舟独渡，偶得佳句"春风又绿江南岸"。张继一首《枫桥夜泊》，意境幽远，让原来并不著名的枫桥、寒山寺名闻天下，成为古今游人渴慕的名胜。李商隐的"相见时难别亦难，东风无力百花残"，淡淡的诗句中包含着无比丰富的人生感受。宋代晁冲之《夜行》中的"老去功名意转疏，独骑瘦马取长途"道出了吃尽苦头后的心灰意冷和湮而不求闻达的沉郁感叹。毛泽东《贺新郎·别友》中的一句"汽笛一声肠已断，从此天涯孤旅。凭割断愁丝恨缕"，更是写尽了对爱人的深情与不舍。

　　人有离愁别恨，是因为旅途环境的变化对人的生理、心理产生了刺激，人产生了"应激反应"。察知自己所处的生态环境，是动物的本能，也是一种天然的自我保护行为。用特定的设备和工具，将实验动物从一个地点运输到另一个地点是经常性的工作，这也是实验动物行业发展的必要环节。对许多动物来说，运输会导致应激，包括身体上的应激和心理上的应激。运输应激错综复杂，如饥、渴、运动、温度、湿度等，尤其运输中的装载过程和噪音会引起严重运输应激。过度持久的运输应激会使实验动物机体内分泌发生变化、免疫功能下降，同时也通过影响中枢神经系统中与行为相关的神经元形态和功能，导致动物行为异常。研究表明，运输应激的外在表现为反应激烈、恐惧或抑郁、异常发声、攻击性加强、心跳和呼吸频率加快、体温变化等；运输后动物饮食饮水减少或废绝、疲乏衰弱、腹泻或排便减少、脱水，甚至导致疾病无法恢复或死亡。造成的体内变化表现为各种酶和激素的异常，如皮质醇、皮质酮、加压素、甲状腺激素、某些转氨酶、脱氢酶、肌酸磷酸激酶等浓度变化；运输饥饿造成游离脂肪酸、β-羟基丁酸酯、血糖、尿素以及血液生化参数的变化。

运输应激不仅妨碍实验动物身心健康，降低其福利水平，还可能导致对实验研究的背景性干扰。不同动物的运输应激持续时间也不一样，犬、猴等智商高等的动物运输应激的时间最长，有的甚至会持续1个月左右。此外，由于饲料、垫料、人员、环境等各种因素，动物在运输过程中很容易发生细菌性和（或）病毒性污染，并在实验动物群体中扩散。这不但会使购入的实验动物报废，就连本单位原有的实验动物也可能因此受到污染而不得不更换种群。如果整个实验环境都受到了污染，就必须停止一切相关活动，系统治理整个环境，直至符合相关标准要求。

统计表明，动物在运输过程中最主要的死亡原因是笼具或容器的设计缺乏通风设备，装卸、存放不当，地面上或飞机上过冷过热，容器挤压和动物逃逸等造成的。确保实验动物运输过程中的动物质量不受影响、动物福利得到有效保障，是保证实验动物质量和科学开展动物实验的基本前提。发达国家在动物运输的法律法规中优先考虑健康、福利和安全问题，努力从法律上防止机械、微生物、物理损伤等事故的发生，以确保安全、有效地运输实验动物。针对动物运输福利法的规定以欧盟的法律法规早而齐全，从最早的1964年出台的64/432/EEC，经过多次修改和补充，到现行的1/2005/EC法案，对包括动物运输车辆、运输物种、生理阶段、年龄和性别、运输时间、饮食供应、停车休息、装卸设施、运输记录装置、防疫、检疫等在内的多项内容均做了细致规定。1997年，英国颁布了《动物运输法案》，限定了运输时间，明确了运输过程中的动物福利要求；1988年，在德国颁布的《保护在容器中的运输动物的条例》中列出了动物在运输中的福利要求。

实验动物运输参考和使用的法律法规，航空运输方面以国际航空运输协会（International Air Transport Association，IATA）列出的国际航空运输活体动物规章制度最为先进，该规章制度是商业航空运输活体动物的国际通用标准，包括包装箱的设计、结构、温度、食物和饮水等内容及要求。美国兽医协会

（American Veterinary Medical Association，AVMA）要求在动物运输过程中有专业人员陪同，需合理地保护动物并保障运输过程中的动物福利，对于相关人员需提供专业培训等。在国际实验动物评估委员会有关指南中，单独列出了动物运输章节，对于动物运输前的准备、运输过程中的防护和福利保障以及人员培训等方面都提出了要求和规范。世界动物卫生组织对于运输过程中动物的饮水、饮食、运输包装盒、安全等方面也有明确的规定和指导。对于某些特定阶段或条件下的动物，如处于怀孕、围产期或疾病期的动物，老年动物，转基因动物，手术动物等，在运输过程中需要有特殊的指导和要求。

关于实验动物运输，中国的法律法规主要包含对运输过程中动物的检疫、防疫、标识等方面的规定和一些运输物种的限制规定，对动物运输过程中的福利问题，则少有涉及，即便有，内容描述也相对简单。现行有效的《实验动物管理条例》规定："实验动物运输工作应当有专人负责。实验动物的装运工具应当安全、可靠。不得将不同品种、品系或者不同等级的实验动物混合装运。"2006 年 9 月，国家科技部印发的《关于善待实验动物的指导性意见》第四章中，明确提出了在运输过程中善待实验动物的指导性意见。2017 年 9 月，北京市正式发布了 DB11/T 1457–2017《实验动物运输规范》，该标准规定了实验动物运输管理的基本原则和包括基本要求、运输准备、运输过程要求、动物接收要求在内的各项要求，适用于实验动物运输及其管理，是中国第一个关于实验动物运输的地方标准。

目前，国内外实验动物行业应对动物运输应激的最常用方式是设定适应期，让动物能够自动平复运输应激带来的可见或不可见的变化。欧美发达国家一般规定大小鼠、豚鼠的适应性饲养至少 5 天，兔至少 6 天，犬和非人灵长类至少14 天。中国科研单位大多规定啮齿类动物在进行实验前至少需要适应性饲养5 天，非啮齿类至少需要 2 周。啮齿类实验动物在接收后，接收单位会按照惯例或研究需求和经验设立一个 1～7 天不等的适应期限。此外，科研人员还尝试以主动干预的模式来解决动物运输应激问题。有研究发现：酪氨酸和维生素 E 能使运输中的猪更多地趴卧和降低心率；酪氨酸、镁离子、维生素 E 和维生素 C 配合制剂可以改善动物应对振动和加速度的能力。不过此类研究成果尚未成为主流形式，还需要有更多的研究数据来支持其可行性。

　　"从来不怨命运之错，不怕旅途多坎坷……我不怕旅途孤单寂寞，只要你也想念我。"这是 20 世纪 80 年代风靡中国大陆的新加坡电视剧《人在旅途》同名主题曲中的经典歌词。动物是人类的朋友，实验动物是人类的替难者，我们有义务、有责任让实验动物的旅途更加轻松惬意、舒适安全。我们不仅仅要考虑实验动物的"孤单寂寞"，也要时时刻刻"想念"着它们，希望它们一路平安。

实 验 动 物 慰 灵 碑

没有那么雄伟，

也没有那么壮观。

你就这样默默伫立，

在城市的一角，

告诉人们：

它的生命履历。

实验动物，

活的精密仪器。

替难人类，

尝针试药，

探索科学奥秘，

研究生命奇迹。

你背负英雄的名字，

你熟悉死神的姿势。

你将雕刻的伤痕，

坚硬成光荣的美丽。

告诉人们：

生命必须得到尊重，

圣洁的灵魂应该永垂不朽。

生命科学的一小步，

可能就是实验动物一生。

它们的奉献，

谁都没有权力忘记。

它们的牺牲，

必须永远铭记！

葬礼 / 第 **5** 节

　　殡葬是人类自然的淘汰，是对死者遗体进行处理的文明形式，既是社会发展的产物，也是文化传统的组成部分。孟子说："惟送死可以当大事。"人们往往把葬礼当作一类值得重视的社会活动，也因此产生了不少与葬礼有关的等级制度、风俗习惯。各国各民族的葬礼形形色色，有盛大隆重，有简易朴素。

　　丧礼历来是中国礼制中的重要组成部分，无论官方还是民间都十分重视，与葬礼相关的文学作品在人类文学史上也占有独特而重要的位置。陶渊明在《拟挽歌辞三首》中写道："亲戚或余悲，他人亦已歌。死去何所道，托体同山阿。"自称"诗旨未能忘救物"的杜荀鹤在《哭友人》中写道："葬礼难求备，交情好者贫。"北宋梅尧臣在《程文简公挽词三首》写道："葬礼铙箫咽，明仪币马陈。"南宋刘克庄在《赠浦城陈贡士适》写道："吾闻葬礼随丰俭，布被珠襦到底均。"以葬礼入题的小说作品也很多，比如金长宝的《一只绵羊的葬礼》、英国小说家阿加莎·克里斯蒂（Agatha Christie）的《葬礼之后》（*After the Funeral*）、何鑫业的散文《知了，蝉的葬礼》、霍达的长篇小说《穆斯林的葬礼》，均引起了读者对生命意义的无限思考。在音乐方面，有三首著名的哀乐，分别是肖邦的《葬礼进行曲》（*Piano Sonata No.2 in B-Flat Minor, Op.35*）、贝多芬的《降 E 大调第三交响曲·第二乐章》（*The Symphony No.3 in E-Flat Major, Op.55*）和李桐树的《葬礼进行曲》。

动物和人一样是有感情的，很多动物都会对死亡的同类表现出"恻隐之心"或"悼念之情"，也会举行各种各样的"葬礼"。亚洲象的"葬礼"极为隆重，它们在首领的带领下，将死者运送到山林深处。在挖掘好墓穴，将死者掩埋后，象群的首领会带着大象们一起用脚踩土，将墓穴踩得严严实实，然后绕着"墓穴"慢慢行走，以示哀悼。猕猴的情感更为深沉，老猕猴去世以后，后代们会围着它凄然泪下，然后一齐动手挖坑掩埋。猕猴们把死者的尾巴留在外边，然后静悄悄地观察动静。如果吹来一阵风，把死猴的尾巴吹动，猕猴们会兴奋地把死者再挖出来，百般抚摸，以为能够复活。只有最后见到死者毫无反应之后，才无奈地重新将其掩埋。美洲鹤如果发现死亡的同类，会在其上空久久地盘旋徘徊，然后由首领带着群体飞落地面，默默地绕着尸体转圈，悲伤地"瞻仰"死者遗容。南美洲有一种秃鹫则选择了"崖葬"的方式：当同伴死后，秃鹫们将其尸体撕成碎片，然后用利爪将这些碎片送到高山崖洞之中。放好之后，秃鹫们会在崖洞的上空不停地盘旋，以纪念死者"归天"的亡灵。非洲有一种沙蚁生性好斗，每次大战后幸存者就会排成一长串"送葬"队伍，将"阵亡"的"战友"护送到小土洞或低洼地，然后再盖上一层沙土。在安葬完毕后，沙蚁们还会千方百计运来一株株连根的小草，种植在"坟墓"的周围，以示永久的"纪念"。

人类因为科研的需要，有时不得已要在动物身上做一些实验。尽管这是一种非常无奈的选择，但人类却也不能不对这些奉献生命的动物们心怀愧疚与感激之情。在为科学献身后，实验动物的葬礼应该由研究人员为其举行，对此大多数国家都制定了相关法律法规或标准。在中国，国务院发布的《实验动物管理条例》规定："实验动物患病死亡的，应当及时查明原因，妥善处理，并记录在案。"科技部发布的《关于善待实验动物的指导性意见》对如何处死实验动物也做出了明确规定："处死实验动物时，须按照人道主义原则实施安死术。处死现场，不宜有其他实验动物在场。确认实验动物死亡后，方可妥善处置尸体……在不影响实验结果判定的情况下，应选择'仁慈终点'，避免延长实验动物承受痛苦的时间。"对于灵长类实验动物则明确指出："灵长类实验动物的使用仅限于非用灵长类实验动物不可的实验。除非因伤病不能治愈而备受煎熬者，猿类灵长类实验动物原则上不予处死，实验结束后单独饲养，直至自然死亡。"

在生命的尊严面前，人类和众多的动物相比并没有什么更加尊贵的地方。人道地处死实验动物，是遵守实验动物伦理、维护实验动物福利的基本要求。安乐死是实验中常用的实验动物处死手段，这是从人道主义和实验动物保护角度出发，在不影响实验结果的同时，尽快让实验动物无痛苦死去的方法。实验动物安乐死，有的是因为中断实验淘汰实验动物的需要，有的是因为实验结束后做进一步检查的需要，有的是为了保护健康实验动物而处理患病实验动物的需要。常用的安乐死方法可分为化学药物法和机械物理法两大类。化学药物法是指用药物或化合物处死实验动物，最常用的是使用过量的全身麻醉剂，使实验动物心跳停止、呼吸衰竭而死亡。利用机械物理法实施安乐死更适合在实验动物处死后，对其某些特定组织器官进行生物化学或组织学检查。采用机械物理法实施安乐死，必须快速、专业地完成，尽可能避免给实验动物带来疼痛。实施机械物理法后，应对实验动物放血或损毁其大脑，确保其死亡。对于体型较大的实验动物，可以先麻醉，使其丧失意识，然后切断其颈总动脉放血，使之死亡。

为了表达对为人类健康事业和医学事业发展献出生命的实验动物的崇敬与纪念，很多科研机构专门为实验动物树立了"慰灵碑"。慰灵碑一方面在纪念实验动物，另一方面也在警示我们自己，应该尽最大可能关爱实验动物，善待实验动物。截至目前，中国最大的实验动物慰灵碑是武汉大学实验动物中心的实验动物慰灵碑，该碑采用神农架的花岗岩制成，重达16吨，正面刻有"献给为人类健康而献身的实验动物"金色大字，背面的碑文里有这样一段文字："慰藉首批为研究抗SARS病毒疫苗、药物献身的38只恒河猴"。

生命之间力量或许有大小之分，但生命本身却具有同等分量。贝聿铭曾经为一棵松树举行过葬礼，据说是因为他设计的建筑为了赶工期，工人撒的融雪剂毒死了那棵松树。贝聿铭无法原谅自己的失误，决定为松树举行一场葬礼，他将那棵枯死的松树树干设计雕刻成了一只山鹰。在葬礼上，贝聿铭说："尊敬的松树先生，您在此度过了一百多年的幸福时光，却在我的无知中丧命。将您保留于此，为的是提醒我和我的同事，即使一个小小的失误，也会让一个伟大生命消失。"正如讲述这个故事的侯美玲所说："为一棵树举行葬礼，是人文关怀，也是自省自警。"

树犹如此，何况为人类"替难"的实验动物！

实 验 动 物 雕 像

一尊雕像，

一个故事。

致命的病毒被你踩在脚下，

突发的疾病被你冲锋打垮。

实验动物，

你用牺牲避免了更多的牺牲。

生命无言，

牺牲有价。

无论是在街头，

还是在实验室，

你的雕像都是科技伦理的图画。

一尊雕像，

一段历史。

生命的探索你捅破一层层窗纱，

医学的进步你奠基一个个神话。

实验动物，

你用生命破解了生命的密码。

生命无言，

牺牲有价。

无论是在公园，

还是在研究所，

你的雕像都是生命平等的升华。

雕像 / 第 6 节

　　为功臣良将塑像，李世民的凌烟阁激发了李贺"男儿何不带吴钩，收取关山五十州"的豪情壮志。为古圣先贤塑像，孔子的雕像遍布全世界。为"最可爱的人"塑像，"徐州好人园"的各类英模人物和道德典型弘扬了真善美。

　　动物和人类之间的联系既是世俗的，也是神圣的，《圣经》和《古兰经》都神圣化过动物。作为人类的朋友，一些为人类做出重要贡献的动物也被艺术家们塑像纪念。唐昭陵的六骏石刻，是为了纪念随唐太宗征战疆场的六匹战马所刻制。美国得州欧文市的雕塑群"野马"，是为了纪念曾经栖息在这里的"老居民"野马，这是世界上最大的描绘马的雕塑群。在爱丁堡，为了纪念为老主人守墓站岗 14 年的小狗"巴比"，人们专门在它站岗的地方竖立了一座雕像。公元前 6 世纪，罗马人用青铜雕塑了一尊母狼像，到了公元 16 世纪又在母狼的腹下增添了两个正在吮奶的婴儿雕像，这座雕像是罗马的城徽，已经成为罗马精神的象征。在新西兰坎特伯雷大区的好牧羊人教堂附近，一只健壮的牧羊犬高高地矗立在石头上，目视远方，俯瞰着辽阔的牧场和远处的山峦，警惕的眼睛注视着每一个角落。雕塑这尊牧羊犬铜像，是为了纪念牧羊犬在新西兰为牧主保护羊群所做的贡献，也是对当初拓荒麦肯齐地区的先驱者的称颂。

为了感谢那些以科学的名义牺牲生命的实验动物们，人们也竖立起了一座座雕像。

1903～1910 年间，英国一只棕色的小狗遭受了长达两个月的活体解剖，这在英国激起了轩然大波，反活体解剖协会成员和研究员们走上法庭互诉。1906 年 9 月 5 日，英国反活体解剖协会（National Anti-Vivisection Society，NAVS）在巴特西公园建立了一个 7 英尺 6 英寸的青铜小狗雕像。围绕雕像的去留，引发了多轮的游行示威和暴力冲突。1910 年 3 月 10 日，小狗雕像被静悄悄地移除了，直到 1985 年 12 月 12 日，又被重新树立起。人们希望"以此纪念全球数百万实验动物遭受的苦难，同时让这只棕色小狗受到的苦难永远不会被人们遗忘"。

1959 年 5 月 28 日深夜，松鼠猴贝克小姐搭乘木星 AM-18 号火箭在卡纳维拉尔角被发射升空。在 15 分钟的飞行过程中，贝克小姐最高承受了高达38G 的重力，远超过了人类所能承受的极限，但贝克小姐似乎并不在意。返回地面后，贝克小姐好像只是出了一趟远门，吃了一根香蕉和一片饼干后，就自己躺下睡了。在接下来的日子里，贝克小姐找到了自己的如意郎君，生儿育女，常驻美国太空与火箭中心，成为那里的科普宣传大使。1984 年，贝克小姐走完了自己传奇的一生，被郑重地安葬在美国太空与火箭中心的草坪上。直到今天，许多"贝克粉"还会来到她的墓前，献上几根她生前最喜欢的香蕉。

1957 年 11 月 3 日，小狗莱卡被苏联送入太空。可惜进入太空仅数小时就因中暑死亡。为了纪念莱卡为人类探索太空所做出的伟大贡献，2008 年 4 月11 日俄罗斯在星城的宇宙人训练中心为莱卡建立了一座纪念碑。这座高 2 米的纪念碑代表着航天飞船，它化作一只手掌，莱卡就骄傲地站在手掌里。

2013 年，为纪念俄罗斯科学院细胞科学和遗传学研究所成立 55 周年，人们设计了实验室老鼠纪念碑。纪念碑位于花岗岩的基座上，总高 2.5 米，铜像用青铜锻造，高 70 厘米。铜像表现的是一只鼻梁上戴着眼镜的年迈母老鼠，全神贯注地编织一条双链 DNA。实验老鼠那专注的眼神和表情以及手中的编织，让人想起孟郊《游子吟》里慈母用手中的针线，为远行的儿子赶制身上衣衫的画面，进而不由自主地产生一种对以大小鼠为代表的实验动物们的崇敬和感恩之情。

　　1963 年 10 月 18 日，小母猫费莉切特乘坐弗农电子运载火箭一飞冲天。费莉切特乘搭的科研专用火箭飞行了十几分钟后成功折返着陆，期间体验过历时 5 分钟的失重状态。费莉切特完成太空任务后并没有享受过舒适生活，在 3 个月后法国科学家为它安排了安乐死，将它解剖以做进一步实验。2017 年 10 月，一家美国公益机构发起了众筹，希望在巴黎街头为费莉切特修建一座 1.5 米高的铜像，以纪念世界上首只飞上太空的猫咪，提醒我们铭记所有的动物航天员在人类探索太空的过程中做出的牺牲。

祭 实 验 动 物

生命爆发，始于寒武。海洋孕育，漫长进化。亿万年后，人类诞生。生存竞争，血腥残酷。

文明曙光，照耀地球。唯一家园，携手相伴。科学探索，生命奥秘。卫生健康，孜孜以求。

研究实验，甘为试剂。结果评价，活的仪器。尝药试针，默默承受。抗击疫情，冲锋在前。

实验动物，人类朋友。巨大贡献，载满史册。今日祭奠，世界同礼。既思功绩，亦是宣誓。

科研支撑，伦理当先。福利保障，依法管理。我等同行，责无旁贷。不惧艰难，不畏险阻。

纪念日 / **7**
第 节

　　"一个纪念日，痛饮往昔的风暴，和我们一起下沉。风在钥匙里成了形，那是死者的记忆，夜的知识。"这是当代诗人北岛在《纪念日》中的诗句。任何一个普普通通的日子，只要与某个人、某件事产生了重要的联系，就会立即意义非凡，成为"纪念日"。

　　关于纪念日的诗词不胜枚举，唐代苏味道有"暗尘随马去，明月逐人来"的《正月十五夜》，杜牧有"天阶夜色凉如水，卧看牵牛织女星"的《秋夕》，王安石有"爆竹声中一岁除，春风送暖入屠苏"的《元日》，苏轼有"此生此夜不长好，明月明年何处看"的《阳关曲·中秋月》。

　　对于实验动物来说，也有一个纪念日，那就是 4 月 24 日"世界实验动物日"。世界实验动物日由英国 NAVS 发起，1979 年确定，并获得了联合国的认可。英国 NAVS 是世界上第一个反对动物实验的组织，由弗朗西丝·鲍尔·科布（Miss Frances Power Cobbe）于 1875 年在伦敦发起成立。休·道丁（Hugh Dowding）勋爵在二战后成为英国 NAVS 的会长，他在英国上议院为动物实验问题立言，他的妻子同样是英国 NAVS 的理事会成员。1970 年道丁过世后，他的妻子继任了会长职务。在经历了一系列的努力和挫折后，英国 NAVS 在 1973 年成立了道丁勋爵人道研究基金会（Lord Dowding Fund for Humane Research，LDF），旨在证明动物实验是可以被取代的、医药和科学研究中可以不使用动物也同样能取得发展。另外一方面，该基金会也通过宣传和发行出版物鼓励不使用动物的科学研究。道丁勋爵人道研究基金会不断壮大，通过他们资助研发的科技挽救了数以万计实验动物的生命，也打破了医药科学研究必须使用动物的陈规。1979 年，英国 NAVS 确定了 4 月 24 日道丁生日这天为世界实验动物日，每年 4 月 24 日所在的那一周为世界实验动物周。现在，世界实验动物日已经成为受联合国认可的、国际性的纪念日。在这一天，世界各地的志愿者会举行各种活动，比如散发传单、呼吁大家使用动物保护主题的明信片，集体签名等，倡导科学、人道地开展动物实验，呼吁人类减少和停止不必要的动物实验，积极宣传维护实验动物福利和伦理的观念。

近年来，中国的实验动物福利体系得到了迅速发展并不断完善，2008 年世界实验动物日首次被引入中国后，国内许多大学、科研院所、企业等也陆续开始设立纪念实验动物的纪念碑和举行纪念活动，目的希望大家时刻铭记实验动物为人类健康事业所做出的巨大贡献和牺牲。大家有了关护、善待和感谢实验动物的意识，就会在实验过程中同情、关护实验动物，使动物实验具有人文性。

武汉大学动物实验中心的"慰灵碑"正面刻着"献给为人类健康而献身的实验动物"；扬州大学兽医学院的实验动物纪念碑上刻着"谨以纪念为生命科学研究而献身的实验动物"；西北大学太白校区的实验动物纪念碑上写着"向给人类健康献身的实验动物致敬并纪念"；中国农业科学院哈尔滨兽医研究所的实验动物纪念碑刻着"纪念为人类及动物健康奉献生命的实验用动物"；江苏省疾病预防控制中心实验动物纪念碑上刻着"怀敬畏之心，探科学之路"。虽然每座碑的碑材、碑型和碑文形式多样，但都饱含了实验动物工作者的感恩与祝福，也表达了人们尊重和善待实验动物、维护实验动物福利和伦理、遵循 3R 原则、规范和合理地使用实验动物的决心。

实验动物为科学进步做出了巨大贡献，同时科学家也在不断研究替代实验动物的新方法。比如通过实验室里培养的动物和人类细胞替代活体动物供科学家们进行毒性测试；通过计算机模型预测化合物对人体的影响；用"器官芯片"和"微器官"等 3D 培养技术复制人体器官功能；用能分裂成身体任何细胞的干细胞作为动物实验的替代物，等等。但是，很多新技术还在研究阶段，距离应用还有相当长的一段时间，目前人类的科学发展和安全保障仍然离不开实验动物。

每个生命都值得被尊重，每次牺牲都值得被感激。诚如史怀哲所说："当悲悯之心能够不只针对人类，而能扩大涵盖一切万物生命时，才能到达最恢宏深邃的人性光辉。"实验动物们一生未见骄阳明媚，未闻花草芬芳，向死而生，却为人类留下无价瑰宝。对于它们来说，世界是灰暗冰冷的，这样无声的牺牲，却照亮了人类的温暖。它们的死，高尚，它们的亡，庄重。珍惜每一次实验机会，善待每一只实验动物，如实记录每一次实验数据，让每一只实验动物的存在变得更有价值、更有意义，这才是对实验动物最崇高的祭奠。

不只 4 月 24 日，实验动物牺牲的每一天都值得被铭记！

第五章

历史的眼睛

在中国的传统文化中，天上的星星被按照不同的星官起了名字，构建了所谓的"三垣二十八宿"。各类传说演义中，也常把某人物说成是某某星君下凡，从而对其今后能够有所作为、能够干一番事业做下铺垫。传说中一颗流星的陨落，意味着一个伟大人物的离世。毛阿敏在《历史的天空》中唱道："历史的天空闪烁几颗星，人间一股英雄气在驰骋纵横。"赞美了那些在沧海横流中尽显英雄本色的历史人物，就像天空中的星星那样，永远闪耀着不灭的光芒。温家宝的《仰望星空》，因其意境广阔而深邃，格调宁静而致远，被北京航空航天大学正式确定为校歌。

前事不忘，后事之师。历史是最好的教科书，蕴含着可以照亮未来的智慧之光。只有回望历史，才能更加坚定前进的脚步。"以史为鉴，可以知兴替。"历史也是最好的营养剂，只要愿意努力汲取，处处都蕴藏着成功的智慧和力量。我们翻开医学发展的历史，可以清楚地看到医学上许多重大的发现和动物实验紧密相关。特别是那些具有划时代意义的、里程碑式的、开辟一个全新领域的或是导致医学在某一方面突飞猛进的革命性发现，哪一个不是通过动物实验，首先在实验室中发现的呢？

在人类漫长的历史进程中，虽然实验动物科学才出现不久，但也留下了很多如星星一样璀璨的杰出人物。比如英国的哈维，德国的科赫，法国的巴斯德，俄国的巴甫洛夫，美国的莱斯罗普，中国的齐长庆、汤飞凡、顾方舟、旭日干等。

自 20 世纪 80 年代以来，中国老一辈科学家苦心孤诣，在推动实验动物科技工作发展、实验动物法制化和规范化管理等方面取得了很大进展和显著成就。但是，中国现在的实验动物工作与发达国家相比差距仍然较大，严重制约了中国生命科学的研究与应用。正如刘瑞三先生在《实验动物学（第二版）》的序言中所说："这么大的国家，这么大的事业，这么少的人才，历史的眼睛在注视我们。"

对于新时代的实验动物科学和工作，先辈们期待着我们的答案。

颂 盖 伦

西方医圣，实至名归。

医学教皇，非其本义。

宗教科学，相爱相伤。

盖伦局限，不掩光芒。

盖伦——西方医圣

第 **1** 节

克劳迪乌斯·盖伦（Claudius Galenus，130～216），出生于小亚细亚的佩加蒙，也被称为"佩加蒙的盖伦"（Claudius Galenus of Pergamum），是古罗马时期最著名最有影响的医学大师，他被认为是仅次于希波克拉底（Hippocrates）的第二个医学权威。

盖伦深信每个器官都有其特定的功能，痴迷地研究解剖学。在罗马人统治的时期，人体解剖是严格禁止的，因此盖伦只能对动物进行解剖实验。盖伦通过对猪、山羊、猴子和猿类等活体动物实验，在解剖学、生理学、病理学等方面有许多新发现。他考察了心脏的作用，并且对脑和脊髓进行了研究，认识到神经起源于脊髓；他发现了胸部肌肉和横膈膜与呼吸运动的关系，发现了喉返神经与发声的关系，用猪进行实验证实了自己的发现；他发现猴子和猿类的身体结构与人很相似，把在动物实验中获得的知识应用到人体中，对骨骼肌肉进行了细致的观察。盖伦还认识到控制身体的是大脑而不是心脏，他通过打开一头活牛的颅骨证实了这一理论；通过对大脑不同部位施加压力，他将大脑不同的区域与特定的功能联系起来。盖伦认识到人体有消化、呼吸和神经等系统，能够区分感觉神经和运动神经。盖伦确定尿液是在肾脏中产生的，并推断呼吸是由肌肉和神经控制的。

盖伦一生专心致力于医疗实践解剖研究，写了很多论文，从解剖学到营养学，再到病床边的态度，他一丝不苟地对自己的作品进行分类，以确保它们的保存。盖伦撰写了超过500部医书，并根据古希腊体液说提出了人格类型的概念，最著名作品是《论自然的能力》（*On the Natural Facilities*）。191年，盖伦藏书的"和平神庙"发生大火，一部分著作惨遭烧毁，约有150余部作品流传了下来。他的药物学著作中记载了植物药 540 种，动物药物 180 种，矿物药物 100 种。在 13 世纪里，盖伦的大量作品占据了所有医学思想流派中的统治地位，他的著作成为新一代医生的必读书目，而新一代医生又写了新的文章来颂扬盖伦的思想。即使是真正解剖人体尸体的医生，即便他们看到了明显的相反证据，也会莫名其妙地重复盖伦的错误。少数敢于提出矛盾意见的实践者，要么被忽视，要么被嘲笑。

盖伦逝世后的 1300 多年里，他的医学研究遗产一直是不可置疑的，直到文艺复兴时期的解剖学家安德烈亚斯·维萨留斯（Andreas Vesalius）站出来反对他。作为一名杰出的科学家，维萨留斯的权威影响了他那个时代的许多年轻医生。但即使如此，对血流的准确描述还是在 100 年后才出现，四种体液学说又花了 200 年的时间才消失。后来人们发现，盖伦的某些错误之所以产生，是由于他所进行的解剖对象是动物，他的生理描述往往脱离了实际，屈从于宗教神学的需要。后人为了消除他在解剖学、生理学上的错误影响，曾进行了艰苦的斗争。

颂 哈 维

心血运动论创始，
动物胚胎学奠基。
远见比肩伽利略，
求真直追哥白尼。
先贤探索留真谛，
吾辈研究需谨记。
唯有自然可为师，
从来实验是依据。

哈维——血液循环学说创始人

第 **2** 节

威廉·哈维（William Harvey，1578～1657），出生于英国肯特郡福克斯通镇，英国 17 世纪著名的医生，实验生理学的创始人之一。哈维是与哥白尼、伽利略、牛顿等人齐名的科学革命巨匠。他的《心血运动论》（*Exercitatio Anatomica de Motu Cordis et Sanguinis in Animalibus*）是科学革命时期以及整个科学史上极为重要的贡献。

哈维受过严格的初、中等教育，15 岁时进入剑桥大学学习，24 岁时获得剑桥大学医学博士学位。值得一提的是，哈维在就读于意大利帕多瓦大学期间，伽利略正在那里担任教授。1607 年，哈维被接收为皇家医学院成员。

哈维酷爱读书，据说在 1642 年 10 月的埃奇山战役中，他受命在防御工事中照顾两个王子，即后来的查理二世和詹姆士二世。在战斗打响后，哈维从口袋里拿出一本书来仔细阅读，一颗炮弹在他附近爆炸，他挪动一下位置后又继续读书。

哈维对生物体的构造非常感兴趣，据说他曾疯狂地偷窃尸体，也解剖过自己亲人的尸体，并且在自己的新房里建起了实验室。为了研究人体和动物体的生理功能，哈维解剖的动物超过 80 种。哈维把兔子和蛇解剖之后，找出还在跳动的动脉血管，然后用镊子把它们夹住，观察血管的变化，发现靠近心脏的那一段血管鼓胀了起来，而远离心脏的另一端瘪了下去。

他又用同样的方法，找出了大的静脉血管，用镊子夹住，其结果正好与动脉血管相反。通过解剖，哈维发现心脏像一个水泵，把血液压出来，流向全身。

为了证明人的血液循环也和动物一样，他请来了一些比较瘦的人，将他们手臂上的大静脉血管用绷带扎紧，结果发现靠近心脏的一段血管瘪下去，而另一端鼓了起来。他又扎住了动脉血管，发现远离心脏的那一端动脉不再跳动，而另一端，很快鼓了起来。这一切证明了人与动物的血液循环是完全一样的。

1616 年 4 月，哈维在骑士街圣保罗教堂附近的学堂中讲学，第一次提出了关于血液循环的理论。他详细严谨地论述了心脏的结构、心脏的运动、心脏及静脉中瓣膜的功能，明确指出血液不断流动的动力来源于心肌的收缩压。1628 年，哈维发表了《心血运动论》。在书中，他告诫人们："无论是教解剖学或学解剖学的，都应当以实验为依据，而不应当以书籍为依据；都应当以自然为老师，而不应当以哲学为老师。"哈维一生中写过大量的科学论著，但是只发表了《心血运动论》和《论动物的生殖》（ *Exercitationes de Generatione Animalium* ）以及几封为《心血运动论》辩护的公开信。

直到哈维 1657 年逝世以后的第四年，伽利略发明的望远镜被意大利马尔皮吉改制为显微镜用于医学上，观察到毛细血管的存在，才真正证实了哈维理论的正确性。恩格斯对哈维的发现给予了高度的评价："哈维由于发现了血液循环而把生理学确定为一门科学。"

颂 贝 尔 纳

阴暗的厨房里，

你孤独着你的孤独，

快乐着你的快乐。

每一个生命都值得关爱，

但只有在牺牲了某些生命后，

才有可能将生命从死亡中拯救过来。

不得已的"残忍"，

是为了更好地温柔以待。

生命科学的华丽大厅，

光彩夺目的已如你期待。

生命不是为了认知世界，

而是为自己创造世界。

减少替代优化的准则，

每一个实验室都没有阻碍。

避免固定的观念，

并且始终保持思想的自由，

你的告诫回响在新的时代。

贝尔纳——实验生理学奠基人

第 3 节

克劳德·贝尔纳（Claude Bernard，1813 ~ 1878），出生于法国的博若莱（Beaujolais）地区，首先提出盲法试验的人之一。贝尔纳的科研足迹几乎遍及生理学各个领域，在胰腺的消化功能、肝脏的糖原合成功能、血管运动机制等方面均著作颇丰。哈佛大学历史学家伯纳德·科恩（Bernard Cohen）称其为"科学界最伟大的人物之一"。

1839年，贝尔纳精湛的解剖技术引起了著名医生弗朗索瓦·马让迪（Francois Magendie）的注意和欣赏。马让迪雇佣贝尔纳做其脊神经研究的助手，这份工作使贝尔纳有机会从事神经病学和新陈代谢方面的工作。1843 年，贝尔纳获得了医学博士学位，他的博士论文写的是消化中的胃液。1846 年，贝尔纳取得了一个重要发现，他发现在消化过程中，胰腺分泌物会把脂肪分子分解为脂肪酸和甘油。贝尔纳还发现了血液里有糖并不一定就是糖尿病的症状，随后他发现肝脏会把糖转化为肝糖，也就是动物淀粉。1853 年，贝尔纳获得了理学博士的学位，博士论文写的就是肝糖。此外，贝尔纳还发现了神经系统是如何控制血液循环的。他是第一个完成心脏导管实验和第一个令器官离开身体组织后原生物仍能存活的人。贝尔纳最后一个重要发现是箭毒会在不影响感觉神经的情况下破坏运动神经，进而引发中风和死亡。

1854 年，贝尔纳当选为科学院院士，并被任命为普通生理学主席，这个职位是政府为他专设的。1855 年，马让迪去世，贝尔纳成为法兰西学院医学教授。1861 年，贝尔纳成为医学院的一员。1865 年，贝尔纳出版了《实验医学研究导论》（*An Introduction to the Study of Experimental Medicine*），这一巨著奠定了以实验为基础的现代生理学基石。在书中，贝尔纳提出医学只有在实验生理学的基础上才可能有发展。他批驳了认为"生命力"是生命的来源的说法，提出了由体液（多血质、粘液质、胆汁质和抑郁质）构成的"内部环境"的观点。贝尔纳认为，血液和淋巴无论在生物体内外都会保持稳定，当这种稳定的环境被打乱的时候，生物体会开始重建这种环境。在书中，贝尔纳告诫读者，要永远保持怀疑精神，"避免固定的观念，并且始终保持思想的自由"。

贝尔纳是活体解剖的坚定支持者，他主张以活体解剖等实验手段了解生命现象。活体解剖实验是贝尔纳很多实验结论的研究基础。贝尔纳认为："生命不是为了认知世界，而是为自己创造世界。""只有在牺牲了某些生命后，才有可能将生命从死亡中拯救过来。""生命科学就像一个光彩夺目的华丽大厅，只有在穿过一间漫长而可怕的阴暗厨房后，才有可能达到那里。"但是贝尔纳的妻子却是反对活体解剖协会中的一员大将，他的女儿也将大量的时间和金钱用在反对活体解剖者组织的各种活动上。

1878 年 2 月 10 日，贝尔纳因肾病在巴黎逝世。去世时，法国下议院投票通过为他举行国葬，这是法国历史上第一次给予科学家国葬的礼遇。为了纪念贝尔纳的卓越贡献，法国政府专门为他发行了一枚印有其头像的法国邮票，法国里昂还有一所以他的名字命名的大学。

破阵子

 赞 巴 斯 德

自然发生否定，微生物学奠基。

低温灭菌今沿用，狂犬疫苗最顶点。一生证三题。

意志工作等待，人生基石三块。

科学研究无国界，人人要把祖国爱。百人第十二。

巴斯德——微生物学鼻祖

第 **4** 节

路易·巴斯德（Louis Pasteur，1822 ～ 1895），出生于法国东尔城，毕业于巴黎大学，信仰天主教，法国著名的微生物学家、化学家。巴斯德最为著名言论是"科学虽没有国界，但是科学家有自己的祖国（Science has no borders, but scientists have their own homeland）"。

像牛顿开辟出经典力学一样，巴斯德开辟了微生物学领域，创立了一整套独特的微生物学基本研究方法，开创了"实践—理论—实践"的方法。巴斯德一生进行了多项探索性研究，取得了很多成果，是 19 世纪最有成就的科学家之一。巴斯德用一生的精力证明了三个问题。一，每一种发酵作用都是由于一种微菌的发展。巴斯德发现用加热的方法可以杀灭那些让啤酒变苦的微生物，很快"巴氏杀菌法"便应用在各种食物和饮料上。二，每一种传染病都是一种微菌在生物体内的发展。巴斯德发现并根除了一种侵害蚕卵的细菌，拯救了法国的丝绸工业。三，传染病的微菌在特殊的培养之下可以减轻毒力，使它们从病菌变成防病的疫苗。巴斯德意识到许多疾病均由微生物引起，于是建立起了细菌理论。巴斯德并不是病菌的最早发现者，但是巴斯德不仅热情勇敢地提出关于病菌的理论，而且通过大量实验证明了他的理论的正确性，这是他最主要的贡献。

巴斯德被世人称颂为"进入科学王国的最完美无缺的人"，他不仅是个理论上的天才，还是个善于解决实际问题的人。狂犬疫苗是巴斯德的发明成果之一。为研制狂犬疫苗，巴斯德曾将从患狂犬病的狗身上提取的病毒注射到兔子的大脑中。兔子发病死亡后，巴斯德从死亡兔子身上提取出带有病毒的脊髓，放在一支无菌烧瓶中晾干，随后又将这些晾干后的脊髓制成疫苗，注射到健康的狗身上，发现狗并没有患上狂犬病。巴斯德从中受到启发，最后成功研制出狂犬疫苗。

1895 年 9 月 28 日，巴斯德在亲友及学生的环绕中于巴黎去世。差不多有半个世纪，科学世界是由他主宰，而其中有四分之一的时间，又是在他半身不遂的情况下度过的。虽然巴斯德已经与世长辞一百多年，但他的精神和知识将永存在人间。

为表彰巴斯德在狂犬病研究领域做出的贡献，法国政府于 1888 年在巴黎建立了巴斯德研究所。起初，该研究仅作为一个治疗狂犬病和其他传染病的临床中心。现在，巴斯德研究所已成为著名的生物医学研究中心，其主要方向为抗血清和疫苗的研究与生产。

微观世界涌巨星，

定论传染致病因。

科赫法则真严谨，

病原实验皆遵循。

科赫——病原细菌学的奠基人和开拓者

第 5 节

　　罗伯特·科赫（Robert Koch，1843 ～ 1910），出生于德国哈茨附近的克劳斯特尔城，是一名矿工的儿子，德国细菌学家，诺贝尔生理学或医学奖获得者。科赫是第一个发现传染病是由病原细菌感染造成的，堪称世界病原细菌学的奠基人和开拓者。

　　据说科赫 5 岁时就能借助报纸自己读书，在高中读书时表现出对生物学的浓厚兴趣。1862 年，科赫考入哥廷根大学，1866 年毕业获医学博士学位，毕业后科赫在军队中担任随军医生。1870 年，科赫在东普鲁士一个小镇当医生时，这个地区的牛患上了炭疽病，他便对这种疾病进行了细致的研究。科赫在牛的脾脏中找到了引起炭疽病的细菌，他把这种细菌移种到老鼠体内，使老鼠相互感染了炭疽病，然后又从老鼠体内重新得到了和从牛身上得到的相同的细菌。这是人类第一次用科学的方法证明某种特定的微生物是某种特定疾病的病原。

　　1882 年 3 月 24 日，在柏林生理协会的会议上，科赫宣读了自己发现结核杆菌的论文，论述了"结核杆菌是结核病的根源，结核病是一种寄生病"。这个现在看起来极为普通的常识，当时却吸引了所有与会的科学家，在柏林生理学协会的历史上，破天荒没有发生争论。

　　科赫为研究病原微生物制订了严格准则，后来被称为科赫法则（Koch postulates），包括：一，这种微生物必须能够在患病动物组织内找到，而未患病的动物体内则找不到；二，从患病动物体内分离的这种微生物能够在体外被纯化和培养；三，经培养的微生物被转移至健康动物后，动物将表现出感染的征象；四，受感染的健康动物体内又能分离出这种微生物。

1910 年 5 月 27 日，在德国巴登的一个疗养院里，科赫由于过度劳累导致心脏病发作，坐在一张椅子上静静地与世长辞了。即便这时，科赫身边仍然带着他那台心爱的显微镜。人们把科赫的骨灰安放在一个青铜盒内，安葬于柏林传染病研究院的院内。白色大理石墓碑上雕刻着这位伟大人物的头像、名字及生卒年月，金色的大字记叙了他的伟大功绩。在科赫的纪念碑上，铸有这样的诗句：

> 从这微观世界中，涌现出这颗巨星。
>
> 你征服了整个地球，全世界人民感谢你。
>
> 献上花环不凋零，世世代代留美名。

科赫的研究惠及世界。据统计，终其一生，科赫为医学界增添了近 50 种医治人或动物疾病的方法。1982 年，中国发行了一枚纪念邮票，纪念科赫发现肺结核病原菌一百周年。1995 年，世界卫生组织宣布将每年的 3 月 24 日定为世界防治结核病日。

巴 甫 洛 夫 很 忙

巴甫洛夫很忙，他是科学的苦工，

婚礼上，

与妻子约法三章，

家庭事务不放心上，

饮酒、打牌、应酬，

统统躲在一旁，

陪君度假唯有暑假算账。

巴甫洛夫很忙，

他深知，科学

除了谦虚热情，

还需要生命的全部时光。

三十五年的研究，

似条件反射般的症状。

生命的倒计时，

他在口授生命衰变的模样，

越来越糟的自己，

是他最后的研究对象。

亲爱的朋友，

谢谢你的探望，

但是，

巴甫洛夫很忙，

……

巴甫洛夫正在走向死亡。

巴甫洛夫——条件反射理论构建人

第 **6** 节

伊万·彼得罗维奇·巴甫洛夫（Ivan Petrovich Pavlov，1849～1936），俄国生理学家、心理学家、医师、高级神经活动学说的创始人、高级神经活动生理学的奠基人。1904年荣获诺贝尔生理学或医学奖。巴甫洛夫是条件反射理论的构建者，也是传统心理学领域之外对心理学发展影响最大的人之一。

1870年，21岁的巴甫洛夫和弟弟一起考入圣彼得堡大学，进入物理和数学系学习自然科学课程。在大学三年级时，巴甫洛夫上了齐昂（Ilya Cyon）教授所开授的生理学课后，对生理学和实验产生了浓厚兴趣。在齐昂的指导下，1874年，巴甫洛夫和同学阿法纳西耶夫（Afanasyev）完成了第一篇科学论文，这是一部关于胰腺神经生理学的著作，广受好评并获得金奖。

巴甫洛夫一生做了大量的动物实验，在心脏生理、消化生理和高级神经活动三个方面做出了重大贡献。巴甫洛夫早年发现温血动物心脏有特殊的营养性神经，能使心脏增强或减弱。在消化腺的研究中，巴甫洛夫在狗身上创造了许多外科手术方法，改进了实验方法，以慢性实验代替急性实验，从而能够长期观察动物整体的正常生理过程。在研究消化生理过程中，巴甫洛夫发现动物形成了条件反射的概念，从而开辟了高级神经活动生理学研究。巴

甫洛夫的高级神经活动学说对于医学、心理学以及哲学等方面都有很大影响。由于在研究中经常使用狗作研究对象，"巴甫洛夫的狗"也成为条件反射的代称，用来形容一个人反应不经大脑思考，如意识形态的先入为主、对逻辑思辨的抗拒等。

巴甫洛夫对动物实验给予了高度的重视："没有对活体动物进行实验和观察，人们就无法认识有机界的各种规律，这是无可争辩的。""整个医学，只有经过实验的火焰，才能成为它所应当成为的东西。"巴甫洛夫对实验动物的作用和习性也很了解，有很多精辟的论述："狗由于素来对人好感，由于它的机敏、耐性以及驯顺而十分愉快地为实验者服务许多年，甚至终身。""只有必须时才用猫做实验，因为这种动物性情急躁，本性凶恶，善叫。""除了狗以外，兔子是最常用的实验动物，因为它是一种驯顺而活泼的动物，而且很少尖叫与反抗。"

1907年，巴甫洛夫当选为俄国科学院院士，后又被英、美、法、德等22个国家的科学院选为院士。他还是28个国家生理学会的名誉会员和11所大学的名誉教授。

巴甫洛夫的工作热忱一直维持到逝世为止，最后他在病痛中挣扎起床穿衣时，因体力不支倒在床上逝世。巴甫洛夫的遗言是："巴甫洛夫很忙……巴甫洛夫正在走向死亡。"

颂摩尔根

奖定遗传第三律，

名传基因之距离。

开心最是后辈越，

教子人性最美丽。

摩尔根——染色体遗传理论创立者

第 7 节

托马斯·亨特·摩尔根（Thomas Hunt Morgan, 1866～1945），美国进化生物学家，遗传学家和胚胎学家。他发现了染色体的遗传机制，创立染色体遗传理论，是现代实验生物学奠基人。

摩尔根出生在美国肯塔基州的列克星敦，在肯塔基州立学院接受教育。他在约翰霍普金斯大学研究胚胎学，并于 1890 年获得博士学位。

对待科学问题，摩尔根坚持"一切通过实验"的原则。当 1900 年孟德尔的遗传学研究被重新发现后，摩尔根就表示怀疑。1908 年，摩尔根用果蝇作为实验材料，研究生物遗传性状中的突变现象。他经常几十个实验同时进行，许多实验都失败了。但是摩尔根屡败屡战，因为他坚信，在科学研究中，只要出现一个有意义的实验，所有付出的劳动就都得到了报偿。1910 年 5 月，摩尔根在红眼的果蝇群中发现了一只异常的白眼雄性果蝇。在他的精心照料下，白眼果蝇顺利完成与一只红眼雌性果蝇的交配。十天后，第一代杂交果蝇长大了，全部是红眼果蝇。摩尔根继续用第一代杂交果蝇互相交配，得到了第二代杂交果蝇，其中有 3470 个红眼的，782 个白眼的，基本符合 3：1 的比例，实验结果完全符合孟德尔从豌豆中总结出的规律。

摩尔根曾说："像化学家和物理学家假设看不见的原子和电子一样，遗传学家也假设了看不见的要素——基因。三者主要的共同点在于物理学家、化学家和遗传学家都根据各自的数据得出不同的结论。"通过对果蝇遗传规律的持续深入研究，摩尔根提出了基因连锁与交换的遗传学第三定律。1933 年，鉴于对遗传的染色体理论的贡献，摩尔根被授予诺贝尔生理学或医学奖。

摩尔根把自己的一生无私地献给科学事业，他培养了很多学生，对学生循循善诱，希望他们能超过自己。中国著名科学家谈家桢，就是摩尔根的学生。当谈家桢学成将要回国时，摩尔根深情而又谦逊地对谈家桢说："我看到有一个年轻的中国人超过了我，我还希望有更多的青年人超过我，也超过你。"谈家桢回国后，也像摩尔根一样培养自己的学生，当一位学生在微生物遗传学研究上取得成果不久，谈家桢收到摩尔根给他的祝贺信，信上说："我终于又看到一个年轻的中国人超过了我，也超过了你。值得骄傲的是你亲自培养了超过你的学生。"

为了纪念摩尔根在遗传学方面的巨大贡献，人们将果蝇染色体图中基因之间的单位距离叫作"摩尔根"。现在，他的名字作为基因研究的一个单位而长存于世。

鹊桥仙

生在南洋，学在西洋，中华身心未央。

东北鼠疫负全权，万国会、候选诺奖。

霹雳手段，菩萨心肠，抗疫典范煌煌。

《中国医史》外文撰，垂青史，国士无双。

伍连德——诺贝尔奖候选人华人第一人

第 8 节

伍连德（Wu Lien Teh，1879 ~ 1960），字星联，马来西亚华侨，祖籍广东新宁（今台山市），流行病学家、微生物学家和病理学家，中国检疫与防疫事业的先驱，华人世界首位诺贝尔奖候选人。

1903 年，伍连德以英国医学博士身份，回到了仍属英国殖民地的马来西亚。伍连德雄心壮志，一心以为可以担当"医官"，施展所学。然而，英国殖民部却告诉伍连德，因为他是华人最多可以当副手。1908 年秋，伍连德到达天津，担任陆军军医学堂帮办（副校长）一职，从此开启了服务中国的人生历程。

1910 年 10 月，中国东北暴发严重流行性鼠疫，12 月清政府派伍连德为全权总医官，到东北领导防疫工作。伍连德不避艰险，深入疫区调查研究，追索流行经路，采取了加强铁路检疫、控制交通、隔离疫区、建立医院收容病人等多种防治措施。伍连德突破禁忌，进行了中国历史上第一次尸体解剖，提出了肺鼠疫的概念；他突破禁忌，对 2200 具疫尸集中焚烧，隔绝传染源；他突破禁忌，用科学方法整合东北地区混乱局面，日本、俄国均俯首称臣，按照伍连德隔离方案配合治疗。在伍连德指挥下，不到 4 个月就扑灭了这场震惊中外的鼠疫大流行，震动了全世界。疫情扑灭后不久，清政府邀请与中国有联系的国际各国，前来奉天（今沈阳）参加国际学术会议，研讨总结东北鼠疫。1911 年 4 月 3 日，"奉天万国鼠疫研究会"顺利召开，这是有史以来第一次由中国人担当会议主席、第一次在中国举办的国际学术会议，伍连德也以"鼠疫斗士"之名享誉世界。此后，伍连德联合俄国考察团在野外寻找鼠疫疫源，发现广布于草原的旱獭是东北肺鼠疫流行的根源所在。找到疫源后，伍连德发表了一系列学术文章。1935 年，因为"在肺鼠疫防治实践与研究上的杰出成就，并发现旱獭在其传播中的作用"，伍连德被提名为当年诺贝尔生理学或医学奖候选人。

有感于当时中国尚未建立自己的现代化医院，伍连德四处呼吁、募捐，创立了由中国人自己建造的第一所现代化医院——北京中央医院（今日北京大学人民医院）。伍连德先后在中国创设医院、医疗研究机构和防疫所等20家。自1910年起，伍连德与王吉民医师合作，历经20余年写成《中国医史》（*History of Chinese medicine*），至今仍是我国唯一的英文版医学史著作。在得知李约瑟（Joseph Needham）博士在撰写《中国科学技术史》时遇到资金困难，他及时伸出援手请新加坡李氏基金资助了前四卷的发行出版，使巨著得以面世。在李约瑟博士的建议下，伍连德开始书写自传。经过近8年的耗时，伍连德的英文版自传《鼠疫斗士——伍连德自述》（*Plague Fighter: The Authobiography of a Modern Chinese Physician*）于1959年由剑桥大学出版社出版。1960年1月21日，伍连德因心脏病逝世，享年82岁。

伍连德出生在国外，接受的是外国的教育，但他有中华儿女强烈的民族自尊心。梁启超回顾晚清到民国五十年历史，曾发出这样的感慨："科学输入垂五十年，国中能以学者资格与世界相见者，伍星联（即伍连德）博士一人而已！"伍连德曾在其自传原序中写道："从清王朝末期、民国初创直到国民党政权的崩溃，作者将他最美好的岁月奉献给了旧中国，许多人对此依然记忆犹新，希望强盛的新中国中央人民政府领导这个伟大国家日益繁荣昌盛……"这也是伍连德一生致力于救死扶伤，忧国忧民的写照。2007年4月，北京大学人民医院隆重举行了纪念伍连德诞辰128周年、归国100周年仪式暨《国士无双伍连德》首发式活动。为纪念伍连德为医学的奉献精神、科学态度和科学思想，聆听当代中国医生的声音，为中国与世界医学对话搭建桥梁，2019年《柳叶刀》（*The Lancet*）杂志社和北京大学人民医院设立了威克利·伍连德奖（Wakley-Wu Lien Teh Prize）。

每当发生卫生防疫事件，人们都会想起伍连德，都会想起他为抗击鼠疫而发明的隔离制、证章分区制（百年前的健康码）、分餐制和"伍氏口罩"。伍连德就如一座高耸的丰碑，永远屹立于人们心中，引导、激励后人，沿着他的足迹奋力前行，去开创人类更加美好的生活。

浪淘沙

大医最精诚，谢家恩增，同盟先贤出津门。

骨学仓鼠新本草，著述等身。

倾情耕杏苑，医患无间，奉献二字终身念。

不忘初心攀峰巅，更续新篇。

谢恩增——中国仓鼠发现者

第 9 节

谢恩增（1884～1965），字隽甫，天津人。1906年进入北京协和医学堂学习，1911年毕业。后受洛克菲勒基金会资助前往美国哈佛医学院留学，获公共卫生学博士。1918年，回国在协和医学堂任教。1911年9月，谢恩增完成了《骨学讲义》（*Lectures on Osteology*，Thomas Cochrane，E. T. Hsieh）的整理编纂，后于1914年正式出版。1913年，谢恩增在崇内大街创办华安大药房，并挂牌行医。在他的病人中，胡适是比较有名的一个，曾经引发了一段有关中西医优劣之争的"胡适生胡病又胡医之公案"。

胡适生胡病又胡医之公案

在1919年以前，实验室里都是用小白鼠做实验，小白鼠既贵又少。自从美国奥斯瓦尔德·西奥多·埃弗里（Oswald Theodore Avery）博士研究出检定肺炎双球菌的方法后，小白鼠的供应便极度缺乏。谢恩增在研究肺炎球菌的检定时，大胆地采用黑线仓鼠做实验，经过多次实验后，他发现黑线仓鼠完全可以作为新的实验动物替代小白鼠。黑线仓鼠就是中国仓鼠，分布在欧洲和亚洲大部分地区。谢恩增仔细观察了它们的生活习性和繁殖情况，考察了它们的种类，于1919年发表了论文《一种新的实验室动物——仓鼠》，自此中国仓鼠进入了实验室。现代医学的发展证明，中国仓鼠是研究黑热病和血清学的良好实验动物，对许多致病细菌及病毒具有高度敏感性。

谢恩增具有深厚的人道情怀，1911 年 10 月武昌起义爆发，中国红十字会商请协和医学堂组织医队奔赴战场，掩埋尸骨，医治伤残。医队共分四队，总队长吉义布，谢恩增任襄理。1912 年 10 月底，谢恩增出席在上海召开的中国红十字会统一大会，作为北京总会代表在会上做了关于参加辛亥战事救护的汇报。"九·一八"事变后，谢恩增被聘为国联调查团医官。

多年来，谢恩增广泛参与学术与社会活动。1919 年 7 月，谢恩增出席上海召开的医学名词审查会第五次会议；1920 年 2 月，谢恩增出席在北平召开的中华医学会第三次大会，被选举为书记；1920 年 8 月出席中国科学社第五次年会，发表了题为《中国脏腑经络学的沿革》的论文；1920 年年底，肺鼠疫在哈尔滨再次爆发，谢恩增加入了伍连德领导的东北鼠疫防控团队，前往东北考察黑龙江及俄国边境防疫情况；同年，《中国古代解剖学回溯》（"A review of ancient Chinese anatomy"）一文在美国《解剖学记录》（*The Anatomical Record*）上发表。

谢恩增善于总结创作，除早年发表《一种新的实验室动物——仓鼠》、出版《骨学讲义》外，还有不少著作。1937 年 7 月 29 日北平沦陷后，谢恩增停止行医，闭门谢客，专心致力于医药学著述。1943 年 8 月，谢恩增出版《新药本草》，正文 2380 页，收载药物及制剂 4691 种，成为当时的畅销书。1947 年，出版《最新传染病学及治疗法》。新中国成立后，谢恩增编写《药物大全》，篇幅超过《新药本草》近一倍，可惜因失火书稿被毁。1953 年，谢恩增被聘为《中华人民共和国药典》通讯委员。1955 年，谢恩增被聘为北京市医药公司医药顾问。同年，谢恩增加入国民党革命委员会、农工民主党。

令人欣慰的是，谢恩增的事业后继有人。全国第二批老中医药专家学术经验继承导师、中国中西医结合学会妇产科专业委员会委员、中华医学会山西妇产科分会副主任委员孟渝梅（主任医师、教授）是其外孙女。据孟渝梅发表的《医苑耕耘四十载》自传文章中介绍："我从小在北京长大，外祖父谢恩增是留学美国医学博士，协和医院内科医生，家中藏有许多中外文医学巨著，地下室存放着各种解剖标本和医疗用品，病人常到家里来求医问药，从他们言谈中我感到医生是一个神圣的职业，对医学充满了好奇，希望将来能探索生命的奥秘。1957年高中毕业后，面临着人生的重大选择，我决定报考医学院校，我的想法得到了外祖父的热情支持，他告诉我当大夫要有思想准备，这是一个需要终身奉献的职业，为病人奉献而不是索取。"

渔家傲

厌烦死读平平绩，鸿鹄之志为良医。

七十人生献防疫，天花灭，天坛毒株创奇迹。

生物制品质第一，兵工要求最相似。

规范管理创条例，功劳记，八宝山中年年忆！

齐长庆——中国天花和狂犬疫苗发明者

第**10**节

齐长庆（1896～1992），又名景如，出生于北京一个衰落了的满族镶黄旗家庭。他的童年时期，正是清王朝濒临覆灭的前夜，八岁入私塾，自小即厌烦死读经书，因而成绩平平，被老师认为不堪造就。进入青年时期，正遇上辛亥革命，时局混乱，齐长庆只能辍学在家务农。1912年，齐长庆以第一名考入京师公立第二学堂，在校时连跳两级。

齐长庆是中国现代生物制品科学的重要奠基人。在20世纪20到30年代，齐长庆开创性地建立了中国医学实验动物学，为中国实验动物学的现代化发展奠定了坚实的基础；筛选建立了中国人自己的天花疫苗生产用毒种"天坛株"，为中国消灭流传危害人民群众健康几千年的传染病——天花做出了不可磨灭的贡献；固定建立了狂犬病疫苗生产用毒种"北京株"，一直沿用至今天。

1919年3月，齐长庆被分配到中央防疫处第三科痘苗股（初期仅齐长庆1人）。在此期间，齐长庆接收京师传染病医院拨给的日本进口兔子、新西兰大耳白兔和豚鼠以及由协和医院林宗阳从美国带回的小鼠等实验动物，成立并负责管理小鼠实验室的工作。此间，齐长庆发现中国小鼠及兔子的体质差、个体小、生长缓慢，实验动物均是靠国外引进，成本太高。于是，齐长庆用日本豚鼠为母本，在中国率先开始实验动物的饲养和繁殖。他还参考国外文献，制订了实验动物管理规程，并在实践中不断修改完善。齐长庆编制了中国第一个实验动物饲养管理条例，为中国医用实验动物学的创建和发展做出了奠基性贡献。

这一贡献，已被载入中国实验动物科学史和各种版本的《实验动物学》教科书。

1949 年 8 月 26 日兰州解放后，在齐长庆的领导下，西北生物实验处在三天内就恢复了生产，西北军政委员会将该处更名为西北生物实验所，任命齐长庆为所长。新中国成立后，齐长庆先后担任卫生部医学委员会生物制品分会第一、二、三届委员，甘肃省微生物学会第一、二届副理事长，甘肃省兽医学会名誉副主任等学会职位，以及甘肃省政协第一、二届委员，三、四、五届常委。

在长期负责生物制品的科研生产工作中，齐长庆重视安全生产，强调制品质量，他经常告诫职工：生物制品关系到千百万人民的健康，关系到国家的经济建设和国防建设，"生物制品是卫生战线的重工业，是防疫战线的兵工厂"。中国是细菌（生物）战的受害国，"我们不但要有充分的战备制品储备，还要有充分的技术储备"。搞生物制品好比造炸弹，要严谨细腻，既要防止感染自己，又要防止泄漏出去，更要防止制品污染。生物制品是特殊药品，药品是给病人使用的，而疫苗是给广大健康人使用的，必须"质量第一""安全第一"。"生物制品工作无小节"，每一位工作人员、每一道工作程序都要为人民的健康负责。

赞汤飞凡

立志东方巴斯德，

病毒研究拓荒牛。

天花青霉军民救，

衣原发现惊全球。

汤飞凡——东方巴斯德

第**11**节

汤飞凡（Tang Fei-fan，1897～1958），出生于湖南醴陵，毕业于湘雅医学院（今中南大学湘雅医学院），曾任国家卫生部生物制品所所长、中国科学院学部委员（院士）、中国微生物学会理事长和卫生部生物制品委员会主委。

汤飞凡是第一位投身病毒学研究的中国科学家，中国第一代医学病毒学家，他用物理方法研究阐明了病毒的本质。汤飞凡曾骄傲地说："日本能出东方的科赫，中国为什么不能出东方的巴斯德！"由于创造了一个又一个医学奇迹，中国科学技术史权威李约瑟博士赞叹他为"预防医学领域里的一位顽强的战士""在中国，他将永远不会被忘记"。

20世纪30年代，日本科学家野口英世声称，颗粒杆菌导致沙眼。这一发现，在世界上引起了轰动，却遭到汤飞凡的怀疑。经过三年的实验，汤飞凡甚至亲自参加人体实验，把细菌接种到自己眼中，红肿着眼睛做实验，收集了可靠的临床资料，彻底推翻了野口的细菌病原说。这一结果得到国际上的公认，野口英世就此从细菌学教材中消失。

在抗日战争期间和抗日战争胜利后，汤飞凡两次重建中国最早的生物制品机构——中央防疫处，并创建了中国最早的抗生素生产研究机构和第一个实验动物饲养场。在艰苦的抗战期间，汤飞凡凭借自己所学，生产了中国自己的狂犬疫苗、斑疹伤寒疫苗、牛痘疫苗，挽救了无数遭受日本细菌战感染的战士和平民，汤飞凡也成了快速研制疫苗的代名词，被后人尊称为"中国疫苗之父"。

1949 年 5 月，汤飞凡撕碎了赴美的飞机票，对妻子说："去为外国人做事，我精神上不愉快。我是炎黄子孙，总不愿背离自己的祖国，我要为自己的国家服务！"

新中国成立后，汤飞凡担任卫生部生物制品研究所所长，主持组建了中国最早的生物制品质量管理机构卫生部生物制品检定所；主持制定了中国第一部生物制品规范《生物制品制造检定规程（草案）》，中国从此有了生物制品质量管理的统一规章。汤飞凡研制了中国自己的青霉素，他推行的乙醚杀菌法让中国比世界提前 16 年消灭天花。1954 年，汤飞凡开始继续他未完成的理想——分离沙眼病原体。汤飞凡采集了 200 名典型的沙眼病例样本，进行了上千次的动物体实验后，于 1955 年用卵黄成功分离出全世界第一株沙眼病原体——TE8（T 代表沙眼 Trachoma，E 代表鸡卵 Egg，8 代表第 8 次实验，后被国际学界称为"汤氏病毒"）。汤飞凡是世界上发现重要病原体的第一个中国人，也是迄今为止唯一的一个中国人，被称为"衣原体之父"。1957 年，汤飞凡被选聘为中国科学院学部委员（院士）。1981 年国际沙眼防治组织向汤飞凡的家属追赠颁发了"沙眼金质奖章"。

1992 年，国家邮政局发行的中国现代科学家（第三组）纪念邮票（1992-19J）中的第二枚就是汤飞凡。1999 年，汤飞凡在中国生物制品研究所的弟子兼同事刘隽湘教授著有《医学科学家汤飞凡》一书，由人民卫生出版社正式出版。

赞魏曦

成果曾经上战场，

美朝先后授勋章。

科学虽然无国界，

人人皆有自家乡。

悉生首译通世界，

不明热病虫名恙。

察人失败辟新径，

菌群调整更扶伤。

魏曦——中国微生态学的奠基人

第 **12** 节

魏曦（1903～1989），出生于湖南岳阳，医学微生物学家，中国人畜共患病和微生态学学科奠基人。1933年毕业于上海医学院，获医学博士学位；1937～1939年担任美国哈佛大学研究员；1939年回国后参加抗日战争，同时在中央防疫处工作；1955年被选聘为中国科学院学部委员（院士）；1957年调到中国医学科学院流行病学微生物学研究所工作，先后担任立克次体室及钩端螺旋体室主任、副所长、所长、名誉所长。

魏曦的科学生涯充满了探索和创造。1945年，在滇缅边境反法西斯战场上，英美盟军中发生了一种"不明热"的流行病，严重威胁部队的战斗力。美国组织了一个以哈佛大学专家为主的斑疹伤寒考察团对此进行调查，但一直没有搞清病因，魏曦因此被邀赴缅进行工作。魏曦到达现场后，发现盛装实验用动物的笼子被放在草地上，待昆虫叮咬动物后从动物身体中分离病原体。魏曦认为，之所以未获成功可能是因为笼子下面的草被压成一个草垫，有碍昆虫接近和叮咬动物。魏曦设计了一个不存在这种缺点的实验方法，他将草地围成一个小环境，让实验动物在其中自由活动，结果草地上的恙螨叮咬了动物，动物发生了恙虫病立克次体血症。当采用了针对恙螨的防治措施之后，"不明热"得到了控制。1948年，美国哈佛考察团为表彰魏曦的杰出贡献，特授予他一枚学术性的"战时功绩荣誉勋章"。1951年，抗美援朝期间，魏曦参加美军细菌战争罪行调查团，并任检验队队长，因工作成绩突出，荣获朝鲜民主主义人民共和国"二级国旗勋章"。

在钩端螺旋体疫源地的考察及确定方面，魏曦做出了巨大贡献。他确定了湖北省境内长江沿岸地区黑线姬鼠是钩端螺旋体自然疫源地的贮存宿主，而中国广大北方的钩端螺旋体疫源地是以猪为主的家畜疫源地，并研究提出了相应的防治办法。根据钩端螺旋体病疫源地的特点，魏曦郑重指出："发展水利工程和扩大水稻种植面积，必须同时注意某些媒介动物和病原微生物的散播，否则将会造成血吸虫病、钩端螺旋体病等疫区的扩大，从而给人民带来危害。"

魏曦是中国微生态学的奠基人，培养了大批人才。他曾指出："抗生素之后的时代将是活菌时代。"魏曦提出的菌群调整疗法治疗菌群失调症获得了良好效果，他专门为活菌制剂起了个拉丁术语，称为"B-iogen"。1981年，魏曦率代表团去日本参加第七届国际悉生生物学讨论会时，提出"促菌生"在菌群调整疗法中的作用，受到好评。魏曦还是第一个把悉生生物学术语和有关内容介绍给中国的学者。他为"Gnotobiology"这个术语做了详细推敲，最后否定了日文译成"无菌生物学"的译法，提出了更为确切的"悉生生物学"的译法。

赞 钟 品 仁

辗转求学寻真理，

随军翻译战四方。

兵站医院亲接收，

细菌战罪无处藏。

五十科研情独钟，

实验动物卫健康。

编译著宣不惜力，

标准立法勇担当。

钟品仁——日军细菌战罪证发现者 / 第13节

钟品仁（1919～2011），上海市人，九三学社社员、中共党员，第七届和第八届全国政协委员，中国食品药品检定研究院研究员，享受国务院政府特殊津贴。1938年考入上海之江大学生物系，1940年考入西南联合大学理工学院生物系继续求学。

1942年，英美盟军派陆军和空军援助中国对日作战，急需英文翻译，钟品仁满腔热情地加入了战地服务团做英文翻译。1943年，他又调到航空委员会当翻译官，先后转战湖南、云南、印度卡拉奇等地，直到1945年抗战胜利后才又返回西南大学复学。

1945年日寇投降后，钟品仁曾随中央防疫处处长汤飞凡接收日寇151兵站医院，并成立国军陆军第31后方总医院。1946年，西南联合大学解散，钟品仁随清华大学回迁北平，并在1947年从生物系毕业。1949年初，钟品仁在原日寇151兵站医院地下冷库，发现了6支写有日本女人名字的试管。经过培养实验后，发现其中5支试管是毒性鼠疫杆菌。这些由于日本人的疏忽而没有来得及毁灭的证据，证明了日军在此进行长达七年的细菌战研究，证明了侵华日军细菌战的大本营就在中央防疫处旧址。

1948年，钟品仁步入实验动物科学领域，为之奋斗了半个世纪之久。在从事科学研究的过程中，钟品仁大批量地使用实验动物，是中国最早的实验动物科学家之一。在实验动物科学领域里，钟品仁的主要业绩包括：1983年成

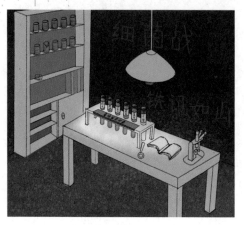

立北京实验动物学学会，并确定为国家一级学会；组织普及实验动物科学学习班；1983年主编出版了中国第一本实验动物专著《哺乳类实验动物》，编译俄文著作《小实验动物饲养管理》，发表论文《实验动物研究在生物医学中的进展》等；承担完成的无胸腺裸鼠饲养繁殖的研究，获1987年国家科学技术进步三等奖（排名第一）；1981年在中国药品生物制品检定所成立实验动物标准化实验室；积极参加国际实验动物学术交流，学习国外先进经验，宣传国情，1988～1996年，钟品仁被任命为国际免疫缺陷动物委员会的组织和顾问委员；积极促进实验动物立法工作，致力于实验动物的法制化、标准化管理，1983年担任卫生部专家组组长，分别对北京、上海、天津、福建、湖北、四川、甘肃、黑龙江、吉林、辽宁等10个省市62家医院卫生科研单位进行调查，起草了《卫生系统实验动物管理执行条例》。钟品仁曾任北京实验动物研究中心顾问，任职期间，在立项和执行中国—澳大利亚政府科技合作计划"北京实验动物研究中心项目"的工作中发挥了举足轻重的作用。钟品仁全程参加了项目谈判、工程设计、科技交流、人员培训和前期运行等，为项目的顺利完成、建设中国第一个大型现代化SPF实验动物设施、高级实验动物设施管理和技术人员队伍的培养做出了卓越贡献。

"让我们更广泛地深入开发研究应用实验动物，揭开生命科学的奥秘，不断地为增进人类的健康水平和延年益寿而共同奋斗！"这是钟品仁在1998年北京实验动物学学会成立十五周年庆祝大会上发自内心的呼唤，也将激励我们为人类健康事业贡献力量。

赞刘瑞三

首倡动物学会,

热心科学普及。

发展动物食品,

兽医地位辨清。

动物科学开启,

更推接轨国际。

家畜血吸虫病,

查治防里功绩。

刘瑞三——家畜血吸虫病防治拓荒人 /

第 **14** 节

　　刘瑞三（1921 ～ 2018），祖籍河南修武，出生于北京，兽医公共卫生事业和实验动物医学带头人。攻克血吸虫死苗、减毒苗的制备以及同位素标记、酶联免疫实验等诊断方法；发起创立中国实验动物学会；主持翻译《人畜共患病》《实验动物医学》等专著，著述《比较医学》等书。

　　1956 年起，刘瑞三呼吁建立实验动物中心，多次在报纸、杂志上撰文，提出实验动物是科学研究必不可少的支撑条件、反映了一个国家多种行业的质量水平，这得到当时上海学术界的积极支持。在"一定要消灭血吸虫病"的伟大斗争中，刘瑞三任全国血吸虫病研究委员会副主任委员。根据血吸虫病是人畜共患的特点，国家专门建立了兽医组，由刘瑞三兼任组长。20 世纪 50 年代，在刘瑞三的领导组织下，兽医组开创了富有成效的家畜血吸虫病科研和防治工作，一批又一批的科技人员深入到疫区农村，组织了一个又一个的协作攻关实验，在很短时间内提出了家畜血吸虫病的查、治、防方案。1986 年，中共中央血防办和上海市血防领导小组给予刘瑞三同志全国防治血吸虫病先进工作者光荣称号。

　　在 50 年代初，刘瑞三深察发展动物性食品将是改变人民膳食结构的必然途径，而动物性食品的发展又无可避免地将扩大人畜共患病的疫源，他清晰地辨明了兽医卫生工作在人类保健事业上的地位和作用。为确保了广大市民的身体健康，刘瑞三参与并指挥 1951 年的动物疫病、1953 年的动物水泡病、1957 年上海的狂犬病等诸多动物疾病的消灭战斗。

　　1976 年后，中国开始引进、吸收国外先进科学技术，刘瑞三奉命去北京参加筹备和主持中国第一届和第二届高级实验动物科学讲习班，聘请了一批国外知名学者系统讲授了当代实验动物科学的理论与技术，启动了中国实验动物事业与国际接轨的飞跃发展。1982 年，刘瑞三奉命去美国马里兰州立大学医学院比较医学系合作研究，从美国回国后被聘为农业部实验动物总顾问，中国实验动物学会成立时又被推选为副理事长。刘瑞三是中国实验动物学会发起人之一，作为中国实验动物学会的名誉理事长和农业部实验动物总顾问，他为建立起全国的实验动物利用与研究工作，培养出了一批又一批的专业人才，并主持建立起了北京农业大学实验动物研究所、哈尔滨实验动物研究中心等科研机构。

刘瑞三不仅是一位理论联系实际的科技工作者，还是一位非常活跃的社会活动家和科普积极分子，先后在报纸杂志、电视、广播发表过百余篇科普文章。解放初，刘瑞三曾作为上海市科普协会形象化委员会的负责人开展科普工作。解放后，刘瑞三成为上海市科普协会的宣传部副部长。1956 年，为积极响应党中央"向科学进军"的号召，刘瑞三自备讲稿深入基层组织上百次科学扫盲报告，颇受欢迎，被评为上海市和全国科普积极分子并出席全国会议，受到了毛泽东主席的亲切接见。

临江仙

赞 李 肇 玫

红妆武装党安排，人生处处舞台。

建设祖国不徘徊。青春该奋斗，奉献最精彩。

实验动物是最爱，两度请缨期待。

精心培育二十代。鼠名 615，国际标准载。

李肇玫——615 近交系小鼠的培育和守护者

第 **15** 节

李肇玫（1924～　），重庆人，毕业于西南师范大学博物系（后更名为生物系）。1951 年任第一军医大学生物系的助教兼秘书，1954 年转入解放军第十三军医学校，1956 年被授予上尉军衔，1958 年因第十三军医学校由部队集体转归地方并更名为中国医学科学院输血及血液学研究所，李肇玫转业。

李肇玫认为，血研所作为一个科研机构，若想在血液疾病的研究上有所突破，需要大量且稳定的适合血液学实验的动物供应作为科研支撑。结合自己生物学的专业背景与对动物学的兴趣，李肇玫决定专门培养实验动物。1959 年，血研所从苏联引进 BALB/c、DBA、A、AFB、C57BL 五个品系的实验小鼠，李肇玫主动请缨去动物室工作，自此开始了 33 年的实验动物研究事业。

如愿来到了动物室的李肇玫，把满腔的热情都投入了实验动物的工作中。她认为，要培养出高质量的实验动物，首先就要制订规范化的操作制度。李肇玫根据自己的所学及多年的教学经验，结合国内外资料，仅用了 1 个月就完成了《实验动物》手册的撰写，涵盖了兔、豚鼠、大白鼠、小白鼠、犬五种实验动物的一般常识，并对其分别制订了饲养管理和繁殖操作规程，规范了动物生产与繁殖、蓄养、饲料制备、生物学特性鉴定、动物疾病管理、一般疾病预防以及饲养人员个人卫生等各方面的操作流程。

1961 年 5 月，李肇玫等用昆明种白化雌鼠和雄性 C57BL 近交系黑色小鼠进行杂交，诞生出一些棕色的小鼠。李肇玫认为白色的小鼠和黑色的小鼠都有纯系小鼠，而棕色的小鼠目前我们国家还没有纯系的，决定培育纯种棕色小鼠。由此，中国有史以来首批被国际小鼠遗传命名委员会承认的近交系 615 小鼠正式诞生，并在以后逐渐成为国际通用的标准实验动物。

　　培养纯种小鼠不同于普通鼠，要求常年室内温度维持在22℃～24℃之间，湿度在50%～60%，要求鼠具每用完一次都要用药物或高温消毒，定期对动物进行外观和实验室检查。615小鼠的培育道路漫长而艰辛，李肇玫把小老鼠当成自己的孩子一样精心照顾、悉心培育。她建立严格的饲养操作规程（包括制订专门的饲料配方）；规范生产繁育和选育种方法；建立清洁消毒、防疫检疫制度；建立卡片登记制度（填写遗传系谱图和观察记录制度）等，并亲自督查考核执行情况。

　　615小鼠因具备温顺、产子率和成活率较高、对白血病病毒和放射诱发白血病较敏感、自发白血病和乳腺癌较低、实验重复性好等特性，国内用615小鼠已建立了20多种移植性肿瘤模型，为研究白血病病因发病学、白血病抗癌药物筛选和治疗、肿瘤免疫学的应用起到了支撑作用，成为国内推广使用较为广泛的一株近交系小鼠。

　　从大学生到军校教员，从上尉军官到普通科研人员，从三尺讲台到简陋的动物室，李肇玫的经历可谓传奇多彩，可谓曲折丰满。她把青春和年华都奉献给了热爱的实验动物研究事业，收获了别样的精彩。

赞 顾 方 舟

一生一事一糖丸，

试猴试己试儿男。

实验动物第一所，

服务人民又何难？

顾方舟——中国脊髓灰质
炎疫苗之父

第 **16** 节

顾方舟（1926～2019），出生于上海市，原籍
浙江宁波，第三世界科学院院士，医学科学家、病毒
学专家，原中国医学科学院北京协和医学院院长、一
级教授。在新中国成立70周年之际，顾方舟被授予"人
民科学家"国家荣誉称号。

顾方舟对脊髓灰质炎预防和控制的研究长达42
年，是中国组织培养口服活疫苗开拓者之一，被称为
中国"脊髓灰质炎疫苗之父"。为了研制预防小儿麻
痹症的活疫苗，顾方舟和同事们亲自到云南参与猿猴实验站的建设。顾方舟制
定的研究计划分动物实验和临床试验两个步骤，在动物身上取得良好效果后，
顾方舟和同事们冒着瘫痪的风险，拿自己的身体来试药。发现自己使用安然无
恙后，顾方舟又开始有了别的忧虑。成人抵抗病毒的能力本就高于儿童，如果
不拿儿童实验一下，顾方舟始终不放心。为了试药，顾方舟承担着丧子的风险，
瞒着妻子给自己刚满月的儿子注射了疫苗，中国脊髓灰质炎疫苗就此问世。由
此，中国的脊灰发病率从1949年的10万分之4.06，下降到1993年的10万分
之0.046，几十万中国儿童免于伤残。由于当时的疫苗是液体制剂，不方便推广，
儿童也不愿意服用，顾方舟又与同事们将疫苗研制成了"糖丸"的形态。这样
不仅保存期延长，也容易向农村地区推广。2000年，时年74岁的顾方舟作为
代表，在中国消灭脊髓灰质炎证实报告签字仪式上签下了自己的名字，随后世
卫组织正式宣布中国为无脊灰炎的国家。

在脊髓灰质炎疫苗之外，顾方舟还致力于推动中国将乙型肝炎疫苗纳入儿

童免疫接种的国家计划，中国乙型肝炎发病率之所以能有"奇迹般的下降"，很大程度上有赖于疫苗特别是婴幼儿疫苗的使用，顾方舟在决策中发挥了重要作用。在担任中国医学科学院北京协和医学院院长期间，顾方舟大力推进了院校的科学研究和教学工作，该院关于抗癌有效成分的研究、兴奋剂检测方法的研究与实施等四项研究成果都获得了国家科技进步一等奖。

作为医学家，顾方舟很早就意识到了实验动物资源的重要战略意义。担任中国医学科学院北京协和医学院院长后，顾方舟亲自主持建立了中国第一个医学实验动物研究所，并每年给予 30 万元的经费支持建设。在当时这极大地丰富了该所的动物种质资源，使其拥有约 50 余种资源供全国的科学家选择。在顾方舟的支持推动下，该所完成了实验动物病理学、微生物学、环境、营养和遗传等专业设置，在国内最早开展了实验动物学研究生教育，编写了中国第一本实验动物学教材，创建了中国的实验动物学科体系，有力保障了生命科学和医学事业的发展。

对于自己卓越成就的巨大贡献，顾方舟显得非常谦虚和平淡，他经常说："我一生只做了一件事，就是做了一颗小小的糖丸。"2018 年 5 月，商务印书馆出版了顾方舟口述史《一生一事》。2019 年 1 月 2 日，顾方舟因病逝世，享年 92 岁。他的夫人李以莞在给他的挽联上写道："为一大事来，鞠躬尽瘁；做一大事去，泽被子孙。"这是顾方舟一生的真实写照。

普天乐

英姿爽，性豪放。

实验动物，业界首航。

六十载，桃李芳。

饲育质控建模型，对标先进国家奖。

松花江畔，长白山上，传颂华章。

17

孙靖——首位实验动物领域 国家科技奖励获得者

第 节

孙靖（1927～ ），吉林长白山人。中国药品生物制品检定所研究员，1952 年毕业于中国医科大学医疗系。1988 年，卫生部批准为有突出贡献的中青年专家。1992 年，经国务院批准，享受政府特殊津贴，是国内外颇有影响的实验动物学专家。由于工作成绩显著，曾获得国家科技进步二等奖。

20 世纪 50 年代初，国内实验动物工作刚刚起步，作为基础学科尚未被充分认识。对于刚刚开始科学研究生涯的孙靖来说，从实验动物科学研究起步，既面临着机遇，也意味着风险。面对机遇和挑战，孙靖以一颗对科学无限挚诚之心投身到了实验动物科学的探索中。她潜心研究、细心观察，相继解决了当时国内实验动物工作多年来存在的一系列疑难问题。

孙靖筹建了中国第一个实验动物室，初步建立了常用的 8 个品种动物、14 个近交系动物群，进行遗传育种、疾病预防、饲养繁殖、环境条件等方面的研究。孙靖经过对动物生理特性和繁殖规律的仔细观察，她发现地鼠冬季不发情是由于温、湿度过低而进入冬眠状态所致，采取相应措施后，解决了地鼠原本全年不能均衡生产的问题，保证了生物制品生产、检定、新产品研究的需要。

孙靖解决了国内当时普遍存在的豚鼠春季繁殖困难问题，她通过对豚鼠生物学特性的研究，发现问题的源头是由维生素缺乏而引起的维生素 C 缺陷病，从此提高了豚鼠的健康水平和繁殖能力，使豚鼠单位生产指标提高了 53%。

为了与发达国家实验动物工作接轨，20 世纪 80 年代初，孙靖与钟品仁一起，率先从国外引进裸鼠，经过他们辛勤培育，在中国饲养繁殖成功。根据遗传学原理，孙靖制定了一套突变导入系动物模型的培育体系，为中国生命科学的研究提供了极为珍贵的实验动物模型，也为国内开展此项研究确定了科学原理和方法。

1983 年，热心于中国实验动物事业的孙靖为了推动实验动物学科发展、营造浓厚的学术氛围，积极参与筹备了中国实验动物界第一个地方性学术团体——北京实验动物学学会，并连续担任了第二、三、四届理事长。

孙靖对年轻人倾注了极大的爱心，她利用多次出国考察、访问的机会，创造条件把年轻人送出国培养、锻炼，这些年轻人中的大部分学成回国后已成为实验动物学科带头人和骨干力量。很多在国内实验动物界崭露头角的年轻人，都得到过孙靖的指点和教诲，大家无论在工作还是生活中遇到了问题，都愿与这位长者交谈，亲切地称她为"老太太"。

1989 年 6 月，孙靖在《北京实验动物科学》发表了《祝贺中国第一个实验动物法规的诞生——〈实验动物管理条例〉公布实施》文章。在文末，她说："让我们热烈地欢呼和祝贺《实验动物管理条例》的诞生，并衷心地期待各主管实验动物的有关机构，尽快把这一工作摆在日程上，使各项标准具体化、法规化，为中国实验动物科学再一次飞跃做出贡献。"

赞旭日干

投身科学少余暇，

求真务实厌作假。

试管牛羊始君手，

狂风誉名满华夏。

旭日干——试管山羊之父

第 **18** 节

旭日干（1940～2015），出生于内蒙古自治区科右前旗，家畜繁殖生物学与生物技术专家，中国工程院院士，曾任内蒙古大学校长、中国工程院副院长、中国科协副主席。

20世纪80年代赴日留学期间，旭日干在国际上首次成功进行了山羊、绵羊的体外受精，培育出世界第一胎"试管山羊"，赢得了"试管山羊之父"的美誉。旭日干因此获得了日本兽医畜产大学的博士学位，在出国留学计划中，原本是没有授予学位这一计划的。花田章博士对旭日干说："聪明和勤奋是你取得研究成果的重要原因。"

旭日干一拿到博士学位就回国了，他曾说："留学期间，看到与发达国家有如此大的差距，我们这一代人本能地产生了强烈的责任感……我制订了详细的计划。"回国后，旭日干创建了具有国内外先进水平的内蒙古大学实验动物研究中心，在国内率先开展了以牛、羊体外受精技术为中心的家畜生殖生物学及生物技术的研究。1989年，旭日干成功培育出国内首批试管绵羊和试管牛，该项成果被评为1989年十大科技成果之一。

旭日干深入系统地观察和记录了牛、羊卵母细胞的体外成熟、体外受精和发育的全过程，为揭开哺乳动物类受精与发育的奥秘提供了大量科学依据，在国际上首次提出了试管内杂交育种技术。他创造性地提出了利用体外受精技术工厂化生产试管牛、羊胚胎的一整套技术，建立了相应的中试基地，为家畜改良和育种开创了新的技术途径。旭日干和他的团队深入开展家畜体细胞克隆与转基因技术的研究，培育出了一批体细胞克隆牛、克隆羊和转基因牛、羊，为提升中国养殖业科技水平做出了重要贡献。

旭日干先后获得了内蒙古科教兴区特别奖、全国优秀科技工作者、国家杰出专业技术人才等多项荣誉称号。1995 年，旭日干当选为中国工程院院士，成为内蒙古自治区历史上第一位工程院院士。

"不管走到哪里，我的根都在内蒙古大草原。"旭日干曾把《进化论》（*Theory of Evolution*）、《生命的起源》等一些生物学方面的书籍和文章翻译成蒙文，还出过几本书。对待科学旭日干非常严谨，他提出的三个"不过分"，即"实验做得再认真也不过分""实验记录做得再详细也不过分""实验室打扫得再干净也不过分"，这些已经深深地融入内蒙古大学的精神里。

如今，在内蒙古大学一座红色的小楼前，伫立着一尊洁白如玉、精灵可爱的山羊雕像，在蓝天白云的映衬下显得生机勃勃，这只大名鼎鼎的"世界首例试管山羊"纪念雕像仿佛在诉说着草原之子旭日干诚挚的爱国情怀。

后记

《诗画实验动物》付梓在即，循例应当有一篇《后记》。关于这篇后记，我曾有过 N 种设想，也曾在初稿刚刚完成时就写了《写在后面》，正式联系出版社后不久，又写了《写在〈写在后面〉的后面》。现在看来，上述两篇小文多多少少都有点不适合作为"后记"。

实验动物对人民健康事业有多重要？实验动物在科技创新工作中应该占据怎样的地位？认真辨析并努力回答清楚这两个问题，争取更多的人理解和支持，是编写《诗画实验动物》的初心。2018 年年底，我萌发了编写一本系统性介绍实验动物相关知识科普书籍的念头。经过一年的收集、学习、整理，在2019 年年底，已初步完成了书稿的框架构建、内容填充、史实比对等工作。2020 年，因为新冠疫情的暴发和延绵，各类科研攻关进展新闻中或多或少提及了实验动物，客观上让社会各界对实验动物的认识更进了一步。渐至《中华人民共和国生物安全法》正式实施，通过对该法第四十七条和第七十七条的宣传、学习、贯彻，实验动物管理工作已经被提到了更重要的议事日程。

初心已得！《诗画实验动物》还有出版的必要吗？

感谢南京大学出版社吴汀、巩奚若两位老师的鼓励和坚持。他们认为在疫情防控常态化背景下，人们对生命安全和身体健康必将更加关注，向更多的社会公众，特别是向大中小学生科普实验动物相关知识，不仅非常有必要，而且至关重要。在他们的帮助下，《诗画实验动物》获得了首次（2021 年度）江苏省科普创作出版扶持计划的支持。

至此，高质量编写并出版《诗画实验动物》，已由"个人乐趣"升格为一份沉甸甸的社会责任。于是，我邀请江苏省质量和标准化研究院研究员级高级工程师朱峰、江苏省中医院主任中医师郑开明共同参与了《诗画实验动物》的创作和编写。他们从各自专业角度对书稿进行了系统加工和修改，甚至对有些地方进行了重写。夏婷、郑开梅、虞群、朱林四位同志参加了本书部分章节的编写、审核等工作，李旭东同志在有关专业资料的查询、收集方面做了大量工作。在大家的共同努力下，书稿的科学性、完整性、准确性等均有了大幅提高。

历时近三年，太多的无私支持让我感动。南京林业大学风景园林学院的圣倩倩老师组织动员同学为部分章节绘制了插图；经华北理工大学实验动物中心主任张艳淑教授同意，马小龙老师提供了该校"认识实验动物"绘画大赛获奖作品供书稿选用；吴迪先生推荐他在上海工作的外甥女刘新为本书创作了大量插图；南京宁海中学的苏玺岩同学积极参与插图的绘制并就插图的内容和形式提出了很多合理化建议；罗兴洪博士不仅为本书提供了部分原创摄影作品，还获准提供了金石大师吴锌祥（荒石）先生的部分词牌篆刻作品。

历时近三年，太多的真诚鼓励催我前行。南京医科大学肖杭教授、南京大学高翔教授在本书申报江苏省科普创作出版扶持计划时给出了中肯的专家意见；中国实验动物学会理事长秦川，全国人大代表沈志强、王嘉鹏，全国政协委员岳秉飞、曹阿民五位专家应邀撰写了自己对实验动物的感言并同意用于本书；原南京医科大学校长、中国工程院院士沈洪兵欣然为本书作序；此外，还有不少专家、朋友以及实验动物行政管理同行们经常关心本书的创作进展，并提供了很多非常有价值的帮助。

历时近三年，太多的顾虑和困难也曾让我踟蹰彷徨。首先，作为一个工业自动化专业的理工男，著书写作实在不是我的强项，何况涉及的是生命科学和生物医药领域；其次，我的本职工作是行政服务，之前从来没想过要写一本书，也从来没想过要通过一本书来实现什么；再次，科学普及的工作性质要求科普书籍自身是科学的、准确的，但仅就"哈维到底解剖了多少种动物"这个小问题，不同文献资料的说法都不尽相同，有说40多种的，有说80多种的，还有说100多种的，究竟采信哪一种说法，究竟如何取舍相关资料，这是最困扰我的一个难题。

我深知，所有的无私支持和真诚鼓励，都是基于鲜为人知但贡献巨大的实验动物，而不是基于某本书或某个人，因为大多数给予支持、鼓励的专家们和我至今尚未谋面。实验动物的牺牲和贡献令人感动，实验动物科学先贤们对真理的探索、坚持和维护则更让人感动。近代生命科学已兴起一百多年，现在的创新发展更是一日千里。想通过一本书讲述所有感动人心的实验动物"故事"是绝无可能的，《诗画实验动物》至多是提供了一些线索，罗列了一些重大成就和重要人物。更多的"故事"，还有待更多的人去挖掘、发现和传播。

感谢这个伟大而美好的时代！万物互联让很多不可能变成了可能，包括让编著者们相对容易地收集、整理和分析文献资料，也包括让尚未谋面的人与人之间建立起纯粹的、长久的信任和友谊，并就同一件事达成共识、努力推动。人类命运共同体、地球生命共同体的卓越实践，已经开启了人类高质量发展的新征程。从这个意义上讲，再去辨析和回答什么问题已经不那么重要了，因为至少我们曾经努力过。

在《诗画实验动物》即将出版的关键时刻，我被派到"言子故里""江南福地"——常熟市挂职，也很快就了解到清代中叶以来历史最长、保存最完好的四大藏书楼之一铁琴铜剑楼"虹月归来"背后的感人故事，这对我写好《诗画实验动物》的后记具有很大的帮助和启发。追寻古圣先贤的足迹，感受源远流长的文脉，我更加深刻认识到自己的粗陋和浅薄，对《诗画实验动物》的出版也更加感到惶恐和不安。在此，我郑重申明：朱峰、郑开明两位专家是应我个人邀请而参加书稿编写的，虽然《诗画实验动物》以我们三人的名义编著，但书中如有不当、谬误之处，所有责任应该也必须由我一人承担。也恳请读者及相关人士理解我的良好初衷，原谅我的无心之过，并提出您的宝贵意见。

世间万物皆有生命，斑马鱼、小白鼠、长耳兔、来航鸡、藏香猪、比格犬、食蟹猴……它们共同的名字叫实验动物。每一个生命都值得被尊重，每一次生命的陨落都应该被告慰，每一个实验动物的牺牲都是为了我们人类的生命更加健康和美好。亲爱的读者朋友们，让我们满怀对生命的感恩和敬畏，走近它们、了解它们、铭记它们……

历史的眼睛在注视着我们！

李汉中

2021 年 12 月 12 日

于常熟铁琴铜剑楼

图书在版编目（CIP）数据

诗画实验动物 / 朱峰，郑开明，李汉中编著 . —— 南京：南京大学出版社，2022.1（2022.5 重印）

ISBN 978-7-305-25023-1

Ⅰ.①诗… Ⅱ.①朱…②郑…③李… Ⅲ.①实验动物 – 普及读物 Ⅳ.① Q95-49

中国版本图书馆 CIP 数据核字 (2021) 第 200771 号

出版发行　南京大学出版社
社　　址　南京市汉口路 22 号　　　　邮编　210093
出 版 人　金鑫荣

书　　名　诗画实验动物
编　　著　朱　峰　郑开明　李汉中
责任编辑　吴　汀　　　　　　编辑热线　025-83595840

照　　排　南京开卷文化传媒有限公司
印　　刷　南京爱德印刷有限公司
开　　本　718×1000 1/16　印张　17.5　字数　286 千
版　　次　2022 年 1 月第 1 版　2022 年 5 月第 2 次印刷
ISBN 978-7-305-25023-1

定　　价　88.00 元

网址：http://www.njupco.com
官方微博：http://weibo.com/njupco
官方微信号：njupress
销售咨询热线：（025）83594756